可接可扛的下一位！

備位

讓「沒經驗」變「扛責任」的培育法，
主管必學的人才養成系統

TRAINING SUCCESSORS

升得上來　接得下去　撐得住壓力　　張莽 著

培養接班人才不再靠運氣，而是有方法可依循！
解決企業留人難題，打造長期穩定發展的育才力

目錄

前言 　　　　　　　　　　　　　　　　　　　　　　　　　005

第一章
成長思維：企業人才接班計畫的首要核心　　　　　　　　007

第二章
自我提升：企業人才接班計畫的進階通道　　　　　　　　041

第三章
責任勝任力模型：企業人才發展九大層級　　　　　　　　071

第四章
任職資格評測：企業人才接班制度的建構　　　　　　　　117

第五章
任職能力成長：接班人才的能力發展路徑　　　　　　　　141

第六章
人才培育核心：責任在手，成在顧問導師　　　　　　　　189

第七章
破除三種需求阻礙：人才升級的內在阻礙　　　　　　　　215

目錄

第八章
破除認知阻礙：企業人才升級的外在阻礙   227

第九章
菁英團隊成長邏輯：五種性格領導力模型   251

第十章
打造優秀文化系統：企業文化的升級成長   279

致謝   307

前言

在當今競爭激烈的市場環境中，企業的成功與否取決於其擁有的人才素養和能力。人才接班計畫作為一種關鍵的人才培養策略，不僅能夠為企業提供源源不斷的高素養人才，還能推動企業實現從穩健成長到關鍵突破的轉變。本書旨在探討人才接班計畫的重要性和實施方法，為企業提供一套全面而有效的人才培養方案。

人才是企業最寶貴的資產，他們的專業知識、技能和創造力是推動企業發展的核心力量。然而，隨著市場的變化和技術的快速發展，企業面臨著人才需求的不斷變化和提升。傳統的人才培養模式已經無法滿足企業對人才的迫切需求，因此，建立一套科學、系統性的人才培育層級顯得尤為重要。

透過人才接班計畫，企業能夠更好地預測和滿足未來的人才需求。這不僅包括辨識和培養現有員工的潛力，還包括吸引和留住外部優秀人才。一個完善的人才接班計畫可以確保企業在不同層次和領域都有足夠的人才儲備，以應對各種挑戰和機遇。

同時，人才接班計畫還能夠促進員工的個人成長和職業發展。當員工看到自己在企業中有明確的晉升路徑和發展機會時，他們會更加積極地投入工作，提升自己的能力，為企業創造更大的價值。此外，一個良好的人才接班計畫還可以增強企業的凝聚力和員工的歸屬感，從而提高員工的工作滿意度和忠誠度。

本書將詳細介紹人才培育層級的各個環節，包括接班人才的成長通道、層級樣貌、培育模型、團隊菁英升級、頂層領導力升級，以及企業

文化的升級更新等。本書將提供實用的方法和工具，幫助企業制定適合自身的人才接班計畫策略。同時，本書還將探討如何透過數位化模型，為培養不同人才創造環境，以及如何與九層級勝任力相結合提升人才的責任高度，幫助員工實現自我價值，同時為企業創造更多財富。

希望本書能夠為企業管理者和人力資源專業人士提供有益的指導和啟示，幫助他們更容易理解和實施人才培育計畫。透過合理的規劃和有效的執行，企業可以打造一支高素養、高績效的人才團隊，為實現企業的策略目標奠定扎實的基礎。

人才培育計畫是一個持續不斷的過程，需要企業高層的重視和全員的參與。相信只要企業堅持以人為本，注重人才培養和發展，就能夠在激烈的市場競爭中脫穎而出。讓我們共同探索人才接班計畫的奧祕，為企業的未來發展注入強大的人才動力！

第一章
成長思維：
企業人才接班計畫的首要核心

第一章 成長思維：企業人才接班計畫的首要核心

第一節
職涯成長思維，就是在實踐中持續精進

成長思維，就是在遇到問題時認真思考、反覆實踐、不斷調整，透過更新自己的知識體系找到最好的解決方案。

思維成長是一個循序漸進、完善升級的過程，需要我們在平時多學習、多行動。正如《禮記‧大學》所說：「苟日新，日日新，又日新。」一個人若想在自己從事的產業或者領域有所建樹，就需要擁有職涯成長思維，即，在工作中持續地學習，在學習中進步、在行動中挑戰自我，這樣才能保持積極進取和開拓創新的精神。

在這個瞬息萬變的時代，無論個人還是團隊，在其生存和發展過程中，總會遇到來自職業或組織變革中的各種問題或是卡點，主要表現在以下幾個方面，如圖 1-1 所示。

圖 1-1 個人和組織在生存和發展過程中遇到的問題

1. 員工面臨的問題

在工作中，員工面臨的問題是糾結如何才能做正確的選擇，覺得人生茫然，看不到未來。雖然也嘗試著去解決，但結果卻不盡如人意。這些問題如圖 1-2 所示。

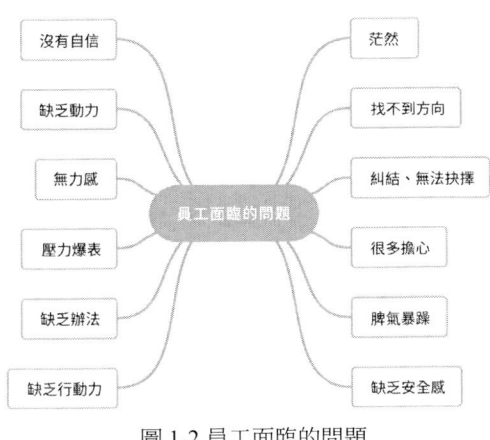

圖 1-2 員工面臨的問題

(1) 壓力極大

心理壓力源自員工沒有清楚的目標和計畫，對個人發展沒有明確的方向，執行過程中得到的結果都不在掌控範圍內，從而導致員工的心理持續承受著壓力。

(2) 無力感

面對工作中需要解決的事情，員工嘗試過用各式各樣的方法和策略，都以失敗告終。雖然很努力，也很勤奮，但是處理的結果跟預期差距太大，讓自己心有餘而力不足，陷入深深的無力感。

(3) 缺乏動力

員工對自己的人生沒有規劃，找不到工作和生活的意義，每天渾渾噩噩，缺乏動力和熱情，沒有發自內心的驅動力。

(4) 沒有自信

不敢在人前展現真實的自己，有目標卻不敢去追求。其實，沒自信的根本原因是知識匱乏和自我認知缺乏，對未知領域缺乏掌握，又找不到突破路徑，導致自己害怕面對結果。越不敢展現自己，就越不相信自己，最後進入惡性循環。

(5) 情緒化

由於很多事情的結果達不到預期效果，影響到員工後續的推動與落實，無法證明自己的能力，導致情緒不穩定、掌控力偏弱，在衝動之下就會偏激，傷人傷己，讓自己敏感多疑，缺乏安全感。

2. 團隊面臨的問題

在建立團隊中會面臨以下問題，如圖 1-3 所示。

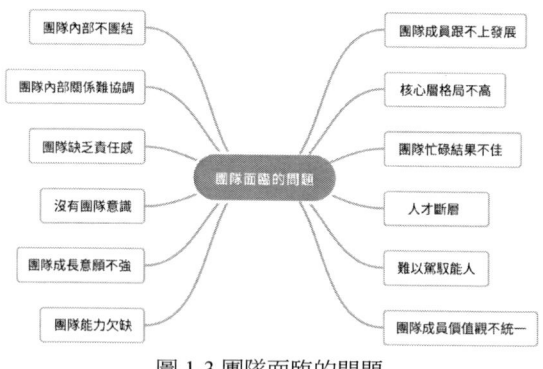

圖 1-3 團隊面臨的問題

(1) 團隊成員想法不統一

因為每個人的生活環境和經歷不一樣,導致每個人看問題、解決問題的方法存在天壤之別,使得大家的想法難以統一。

(2) 團隊內部不團結、無凝聚

團隊成員相互之間缺乏深度的理解和信任,團隊上下難以達成深度的共識,導致大家不能同心協力地去做事情。

(3) 團隊出現溝通不良

因利益、機制、關係導致團隊出現溝通不良。特別是每個部門都為自己的利益和方便著想時,就會出現各自為政、相互制約的局面,由於各部門缺乏主動溝通和團隊意識,自然沒有合作精神,導致部門之間的工作效率低下,出現各式各樣的卡點,對公司影響非常大。

(4) 團隊沒有共同的目標和願景

在一個團隊中,有的人希望安於現狀,有的人想實現理想,有的人愛學習,有的人混日了等,團隊沒有共同的目標和願景就沒有凝聚力。比如,缺乏責任感、互相推諉、能力欠缺,但自我定位又很高、工作上不配合團隊等問題。團隊雖然採取了各式各樣的措施、方法和策略,但是都難以徹底解決這些問題。

3. 企業面臨的問題

企業在經營中會遇到很多維度的問題，具體如圖 1-4 所示。

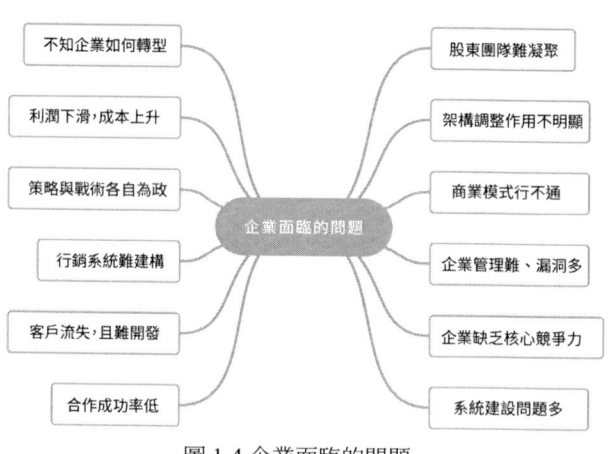

```
不知企業如何轉型          股東團隊難凝聚
利潤下滑，成本上升        架構調整作用不明顯
策略與戰術各自為政        商業模式行不通
               企業面臨的問題
行銷系統難建構            企業管理難、漏洞多
客戶流失，且難開發        企業缺乏核心競爭力
合作成功率低              系統建設問題多
```

圖 1-4 企業面臨的問題

(1) 成本不斷增高

企業人力成本、原料成本、租金成本、營運成本都在增高，成本持續增高的同時，價格卻沒有辦法相應地提高，導致企業利潤不斷下降，企業面臨的生存環境日益惡劣。

(2) 產業環境嚴重惡性競爭

產業環境嚴重惡性競爭，你降價，我也降價，他也降價，同行和友商之間彼此「廝殺」，導致企業因為惡性競爭的「價格戰」而使利潤沒有了下降空間，無法支撐企業持續有效地發展。

(3) 系統管控困難

企業無法建立一個高效的系統，因為人們制定的制度、規則、標準經常難以執行，很多時候變成一紙空文。如果執行下去，團隊將無法承受，會選擇離開；如果不執行，效率又低下，無法界定什麼是最適合企業的高效運用系統。

(4) 無法凝聚更多的強者

企業很多股東沒有把心思完全放到企業內部，各有各的心思，忽略了引進專業複合型人才在這個階段的重要性。導致對企業發展沒有發揮推動作用，相反還會產生很多超出能力範圍內的反向作用。

(5) 缺乏核心競爭力

企業現狀看似完善，樣樣具備，有資源、有客戶、有團隊、有產品、有技術、有體系，但實際經營結果卻不盡如人意。拆分到每一項來看，沒有特別卓越的長處，沒有特別有優勢的同類競品，也沒有特別領先的技術。由於企業缺乏一種核心競爭力，導致企業隨時有破產或倒閉的危機感。

(6) 老客戶的流失

企業存在老客戶離開，新客戶又難以開發，企業策略要往哪裡發展、未來要怎麼走，以及現在的組織架構是否合理、人才培育層級如何規劃等問題，雖然領導者和團隊採取了各種措施試圖解決，但始終無法根治。

在實踐中，以上六個方面的問題交織在一起，個人的壓力、無力感、不自信、缺乏動力與團隊的想法不統一、不團結、部門缺乏責任感，

第一章　成長思維：企業人才接班計畫的首要核心

以及企業的系統管控困難、策略與戰術各自為政、成本不斷增高、缺乏競爭力等問題，使人們身心疲憊。在努力解決無果後，很多人會選擇放棄。

那麼，如何從根本上解決上面這些問題呢？

答案很簡單，就是用成長思維持續行動。

同樣是面對來自生活、事業和企業的困境，一位企業創始人選擇的是透過學習和實踐新知識改變處境。在創業之前，創始人因為一時疏忽大意，遭遇商業詐欺，被人騙走一筆 1,000 多萬元的貨款。此次失誤，不僅讓他丟了工作，還背上了鉅額債務。

有位智者說，成長的過程就是一場不斷學習的旅程，只有不斷學習才能不斷進步。面對突如其來的重大變故，這位創始人透過自學法律知識和向專業人士請教拓展知識領域，最終為公司追回一部分貨款。

這種在困難面前保持自我升級和成長的能力，使得這位創始人在後來的創業過程中總結出六個學習「元規則」思維，他帶領團隊向西方、向軍隊、向市場、向客戶、向世間萬物學習，透過吸取宇宙的能量強大自己，因此從名不見經傳的民營企業，發展成為擁有 20 多萬位員工、在全球領先的通訊設備製造商和智慧型手機供應商之一。

這位創始人每次出差，旅行箱裡帶的都是書，其企業高階管理者和普通員工定期到國外優秀的公司去學習，企業還請來頂級的專業顧問團隊對員工加以指導。這種學習不是知識的累積，而是思考模式的持續進化。透過外在回饋，經過工作實踐後的總結和完善，在原有的基礎上推陳出新的升級思維。

到目前為止，該企業的人才培育層級是首屈一指，無人能超越的。企業根據員工的不同能力和潛力將員工劃分為職場新人、職業初級、職業中級、職業高級等層級，並針對每個層級的員工制定了相應的培養計畫和發展路徑：對新入職員工進行基礎培訓，使其適應環境；對有一定

第一節　職涯成長思維，就是在實踐中持續精進

工作經驗和專業素養的初級員工進行職位輪換和專業培訓；對具有較高工作能力和綜合素養的員工進行管理培訓和職業規劃；對具有一定管理經驗和能力的員工進行高層次的管理培訓和策略規劃。

除此之外，團隊管理核心理念堅持以「奮鬥者為本」，指出「奮鬥者是企業的財富，讓奮鬥者得到合理的回報」，這種「多勞多得」的經營理念建立起凝聚人心的企業文化，集眾人之力達到「力出一孔，利出一孔」的效果。

該企業的人才培育層級，提高了員工的職業素養和綜合能力，為員工提供了清楚的職業發展路徑和成長空間。人才接班計畫既留住了員工，又保障了企業永續發展，在企業遭遇困境時，全體員工萬眾一心、一致對外，最終在突破困境後走向巔峰。

美國奇異前董事長兼 CEO 傑克‧威爾許（Jack Welch）說：「人才就是一切，有人才就是贏家。」在數位化時代，企業都在進行數位化轉型。人才培育計畫作為企業組織能力的核心構成，是企業不斷發展的奠基石。

由此可見，企業若要實現人才接班計畫的規劃，管理者就需要有效運用職涯成長思維的相關方法。成長思維強調的是一個逐步改進與最佳化的過程，即透過持續地嘗試、試錯與調整，助力企業探尋出一套適配的發展方案。在人才接班計畫方面，企業管理者的職涯成長思維主要表現在以下幾點。

1. 樹立成長意識

企業管理層需要深刻洞悉市場與環境的動態變化，將成長思維融入企業的策略規劃與日常管理理念之中，營造持續改進與創新的文化氛圍。此外，可以定期為員工組織培訓與學習活動，向員工傳遞成長思維的重要意義與應用方式，確保全體員工對成長思維形成清楚的認知與認同。

2. 持續改良人才選拔和培養機制

優秀人才的成長離不開持續地選拔與培養。企業應致力於逐步完善人才接班計畫，做好現有員工的評估工作，精準辨識潛力人才，並針對不同層次的人才制定詳盡的培養計畫，以此建構起一個結構合理、能力互補的接班人團隊。

3. 靈活調整人才策略

伴隨企業策略的演變以及外部市場環境的發展，企業對人才的需求也會產生相應變化。管理者藉助成長思維，依據企業自身實際狀況，調整人才策略，確保人才接班計畫與企業的發展目標始終保持同步。

4. 鼓勵創新和實踐

在企業內部，管理者應鼓勵員工參與各類培訓和實踐計畫，著力培養他們的創新與實踐能力；建立跨部門的溝通與回饋機制，激勵員工分享工作中遭遇的問題與構想，促進資訊的快速流轉與問題的及時化解。

5. 持續改良流程與管理

透過定期對企業的業務流程和管理模式展開評估與反思，管理者能夠及時掌握人才接班計畫的成效與不足。一旦發現問題與瓶頸，就運用成長思維加以修正改進。同時，要密切關注產業內的實踐成果和先進管理理念，持續引進與吸收新的管理方法和技術，推動企業管理不斷升級與創新。

第二節
提升認知層次，五代銷售力的職涯成長之路

個人、團隊和企業遇到的問題之所以無法從根本上解決，導致後續類似的問題層出不窮，是因為人們解決問題的背後邏輯發生了嚴重的錯誤。一般情況下，人們只是解決問題的表象，就是透過技巧處理問題，但這樣無法觸及問題的核心。只有找到問題的核心，才能徹底解決問題。

《道德經》中講：「大道至簡。」要真正解決問題，需要人們提升認知層次。

認知層次，是指人們要全面客觀地看待事物。一個人的認知層次高，就能夠一眼看到事物的本質。可見，個人、團隊和企業只有提升了認知層次，人們才能進行職涯成長，從而讓自己在工作中能一眼看透問題的癥結，讓問題迎刃而解。

我們先以企業重視的銷售力模型為例，來深入解析提升認知層次的重要性。

隨著社會的快速發展和完善，市場競爭也在不斷加劇。企業銷售力發展前後經歷了五次轉型升級，即賣產品銷售、賣情感銷售、賣價值銷售、賣轉型銷售、賣共命銷售，如圖 1-5 所示。

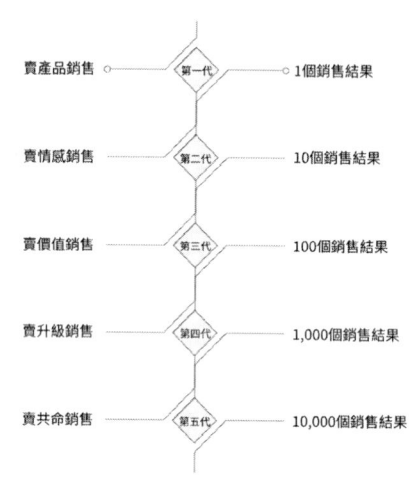

第一章　成長思維：企業人才接班計畫的首要核心

```
賣產品銷售 ─○─〈第一代〉─── 1個銷售結果
賣情感銷售 ───〈第二代〉─── 10個銷售結果
賣價值銷售 ───〈第三代〉─── 100個銷售結果
賣升級銷售 ───〈第四代〉─── 1,000個銷售結果
賣共命銷售 ───〈第五代〉─── 10,000個銷售結果
```

圖 1-5 企業銷售力發展經歷的五次轉型升級

第一代銷售模式：賣產品

第一代銷售模式的焦點集中在介紹產品品質、產品功能以及產品實用性、方便性、舒適性等方面。這時候賣產品銷售的所有焦點都集中在產品本身，銷售員希望用產品來征服客戶，企業獲取收益的盈利模式就是差價，這是第一代銷售。

第一代銷售在市場競爭不充分的時候，透過產品的高品質、多功能和實用性等優勢贏得客戶的心。但是，隨著市場競爭的日益激烈、產品的同質化，第一代銷售就沒有了優勢，完全失去了它的作用。

第二代銷售模式：賣情感

第二代銷售模式主要圍繞「感動客戶」下工夫，主要包括以下兩點，如圖 1-6 所示。

```
獲得客戶的      ➡   感動客戶   ⬅      讓客戶得到
滿意和認可                              尊重和賞識
```

圖 1-6 第二代銷售模式透過兩點「感動客戶」

(1) 獲得客戶的滿意和認可

對客戶進行深入洞察和分析，知道客戶需要什麼產品，在獲得客戶的滿意和認可後再打動客戶，從而真正走進客戶內心。

(2) 讓客戶得到尊重和賞識

對客戶關心備至、真誠愛護和悉心照顧等，用「想客戶之所想，急客戶之所急」的熱情、真摯的態度溫暖客戶，讓客戶感到備受重視和賞識。

無論是深度理解客戶，得到客戶的滿意和認可，還是透過關心客戶讓客戶得到尊重和賞識，最終都是為了感動客戶，讓客戶感覺到「你的心中一直惦念著我」。企業透過賣情感，讓自身與客戶建立深層的信任關係。

我有一個學員是做銷售的，她總是能夠讓客戶感動。她會把客戶的生日、結婚紀念日，以及客戶所有的重大節日都一一記錄下來。有一次，她的一個重要客戶要到她那裡走訪，她在一個多月前就開始準備禮物。她請人把客戶的結婚照片刻在水晶盤上，非常精美。在客戶生日那天送給客戶的時候，客戶深受感動。

我的另一個學員長期服務的客戶是一家醫院的領導者，他得知客戶的夫人去外地進修了，剛好家裡的保母又請假了，家裡沒有人帶孩子、做家事，他就主動對客戶說，正好自己這幾天休息，可以幫忙照看小孩。於是，他就來到客戶家裡，幫助客戶接送孩子，順便做飯、整理家務等。直到半個月後女主人出差回家，他才離開。他在關鍵時刻的出面相助，令客戶夫婦非常感動。可以說，他和客戶的關係已經上升到親情的程度了，還愁後續的業務嗎？

以上就是「賣情感」銷售，對客戶一定要付出真心，力求做到三點，如圖 1-7 所示。

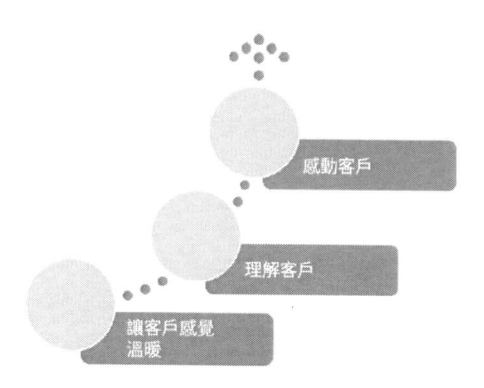

圖 1-7 「賣情感」銷售要做到的三點

第三代銷售模式：賣價值

第二代賣情感模式現在已作為銷售的一個標準做法了。當很多企業還停留在賣情感模式時，整個市場已經進入第三代銷售模式——賣價值。

賣價值的行銷模式是什麼樣的？「賣價值」的人，他跟客戶在一起的時候會不斷地思考客戶個人遇到了什麼難題和痛點，客戶的團隊遇到了什麼難題和痛點，客戶的企業遇到了什麼難題和痛點。他會根據客戶的這些痛點，盤點自己可以調用和影響的資源，全力以赴地支持客戶，支持客戶在個人的難點、團隊的難點和企業難點上下工夫，並且幫助客戶解決實質性的問題，讓客戶真正體驗到自己為他們創造的「價值」。

我有個學員，他對自己重要的客戶全部進行盤點後發現，大部分客戶的痛點是管理方面存在欠缺和不足。因為很多客戶都是民營企業，聘用的管理人員能力有限，導致企業留不住人才。而他所在的企業背景是日商企業，企業具備比較完善的管理模式。

為了幫助客戶，他帶領企業的管理人員進駐客戶的企業，協助他們建立完善的管理流程，在營運管理上也為他們進行了全面提升。因為他為客戶提供了龐大的價值，真正解決了客戶的痛點和難題，而不只是在情感上讓客戶感動。所以，客戶與他建立了牢固的互信關係。

　　另一個學員是保險業務員，他發現很多客戶非常重視孩子教育，於是就組織多方資源，為客戶提供了豐富多彩的公益性夏令營活動。這個活動不但為客戶的孩子提供了豐富多元的價值體驗，而且將他身邊的很多資源介紹給不同的家庭。透過夏令營活動，真正做到緩解甚至解決了不少孩子厭學、注意力不集中、拖延等問題。

　　他在做這些方面的工作時付出了很多精力和時間，這讓他的客戶對他既信任又忠誠，都是直接把保險事宜交給他辦。

　　以上這種幫助客戶解決痛點和難題的銷售模式就叫「賣價值」。「賣價值」是現在主流的行銷模式。隨著一些人認知層次的提升，有些人已經走在時代尖端，在做第四代銷售模型，即「賣轉型」。

第四代銷售模式：賣轉型

　　「賣轉型」的銷售模式主要聚焦於如何協助個人轉型升級、如何協助團隊轉型升級、如何協助企業轉型升級等，透過幫助客戶全面解決發展過程中遇到的實質性問題，幫助客戶企業更好地發展。

　　我們有一家合作企業的老闆，他把自己客戶的未來發展、轉型升級放進他整個企業的規劃裡，為了和客戶一起發展，他調用各種資源支持客戶的團隊成長、董事長成長和企業轉型。

　　除此之外，他還為客戶對接所需要的資源來解決客戶轉型過程中遇到的問題，不管是管理、人才培育、策略規劃方面的問題，還是行銷系統問題、生產問題、人力資源的問題，他都會想方設法地尋找對接資源

第一章　成長思維：企業人才接班計畫的首要核心

賦能企業，幫助客戶克服困難、突破困境。

在他的不懈努力下，他的客戶在轉型成功後提高了工作效率和業績。而他的業績成長率達到了180%，其中120%來自老客戶轉型升級之後業務的成長，也就是說，客戶企業轉型升級上遇到的各式各樣的問題，他都會全方面協助和解決。

他的真誠付出在感動客戶的同時，還讓客戶對他產生朋友式的認同感、信任度、忠誠度和依賴感。客戶經常問他工作做的利潤夠不夠？有的客戶會直接問他：「還有沒有什麼產品線？我可以給你更多的訂單。」

「賣轉型」的銷售模式就是在為客戶創造美好未來的同時，客戶也會想盡各種辦法為對方創造美好的未來。

第五代銷售模式：賣共命

「賣共命」，就是跟企業形成命運共同體，即我們將客戶個人的人生規劃、團隊和企業未來的發展放在心中，彼此不僅是透過股權的方式，更多的是將彼此的命運捆在一起。因為有共同的志向，雙方會調用所有的資源、所有的才華、所有的工具注入對方的生命之中，這樣一來，彼此的心就完全融合在一起，成為一顆「共命運的心」，與客戶成為一家人。這樣就將雙方的產業鏈深度地嵌入和連接，透過產業鏈的方式來應對一切困難，用產業鏈的方式跟其他企業競爭，用資本和壟斷的方式共同發展。這就是「賣共命」。

某公司管理層對業務部門的激勵機制和職業發展方面給予了足夠的支持。可以說，銷售員只要努力工作就能得到相應的回報，也會有晉升機會。可是還是有許多優秀的銷售員紛紛離職，導致銷售團隊不穩定，業績也上不去。

銷售員在客戶後續跟進上較為消極,成單率很低,壓力太大,雖然公司獎勵機制設計得好,但無法從根本上提高銷售員的銷售能力,長此以往,就會出現老客戶流失、新客戶開拓難的問題。

究其原因,就是公司沒有為銷售團隊進行「賣共命」的培訓。

以上就是銷售的五代領導力,在企業有好產品的前提下,要解決行銷的根本問題,不能只在情感上打動客戶,這種在方法上下工夫的銷售模式很難跟上時代的發展。當前企業需要的是賣價值、賣轉型、賣共命,這樣才能解決員工、團隊、企業的根本問題。所以,只有提升企業員工和團隊的認知層次,重塑企業的行銷模式,才能讓企業員工解決問題的高度與時俱進,甚至超越時代。

第三節 升級管理維度，激發團隊對職涯成長發生反思與轉變

前面我們提到，任何問題，如果只在問題本身上解決，是無法根治的，只有提升自己的認知層次，才能找到問題的根源。管理問題也是同樣的道理，如果解決問題的維度不升級，同樣是治標不治本。

在企業管理中，常見的管理模式分為內部管理和外部管理。內部管理包括情感關係激勵、薪資獎酬制度、員工認股制度，我們可以將其稱為「內部管理三大措施」；外部管理包括制度管理、流程管理、培訓管理，我們可以將其成為「外部管理三大措施」，兩者合稱「管理六大措施」。如圖 1-8 所示。

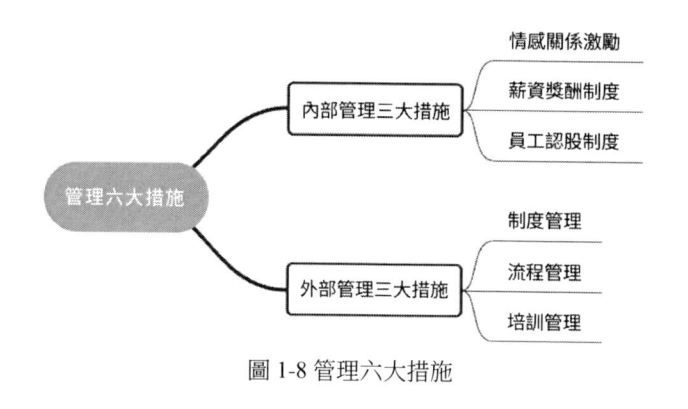

圖 1-8 管理六大措施

1. 內部管理三大措施

內部管理三大措施是以激勵員工為主，領導者透過情感關係、薪資獎酬、員工認股來激發團隊的責任感以實現管理，如圖 1-9 所示。

第三節 升級管理維度，激發團隊對職涯成長發生反思與轉變

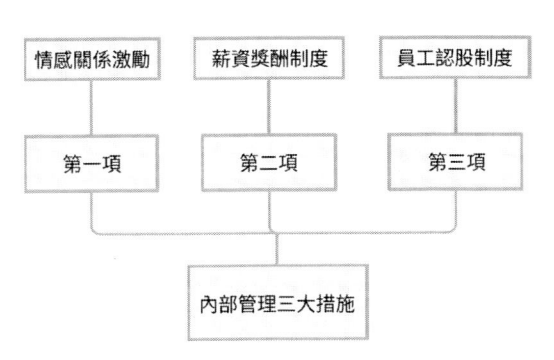

圖 1-9 內部管理三大措施

第一項：情感關係激勵

　　情感關係激勵又叫情感身分激勵，通俗地講，就是透過和員工建立情感連繫，提升團隊凝聚力，增強員工的歸屬感。企業中很多領導者在團隊經營方面會關心團隊成員，跟大家一起吃飯、喝酒，或者推心置腹地進行交談，在團隊遇到挫折時給大家鼓勵，共度難關。在情感上管理團隊，能讓團隊每個成員深切地感受到來自領導者的關懷、照顧、支持，能夠激發團隊成員的責任感，從而更高效地完成工作。

第二項：薪資獎酬制度

　　薪資獎酬制度也叫高標準薪酬制度，簡單來說，就是給團隊更高的現金薪酬來激勵，甚至用階梯式的激勵分利方式，對團隊的要求就是高標準、嚴格的要求，即對工作時間、工作目標、工作效率等各方面提出高要求。

第三項：員工認股制度

　　員工認股制度也叫股東角色定位，企業分給員工期權或者股權，或者是分紅權，那麼員工的定位就變了。員工變成企業的小經營者，或者是經營者，員工就要為企業的發展負起責任。這就要求員工要有更好的工作能力，所以，員工只有不斷地學習和成長，為企業創造更多的價值，才能在企業中實現自己的事業夢想。

2. 外部管理三大措施

外部管理三大措施是指企業的制度管理、流程管理、培訓管理，如圖 1-10 所示。

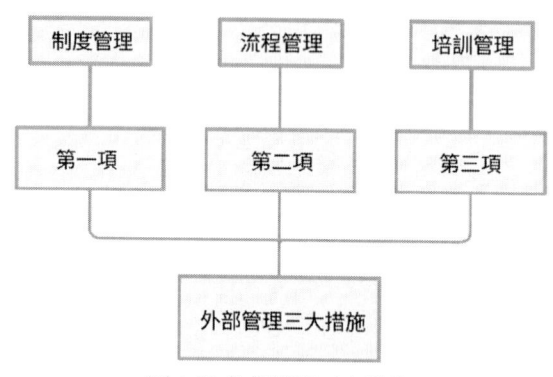

圖 1-10 外部管理三大措施

第一項：制度管理

制度管理是管人，主要是對員工行為的規範和約束，但約束的都是服從管理的人。薪資績效管理是企業管理制度的一個重要組成部分，企業設計了很多薪資考核方式，能者多勞，多勞多得。員工績效做得好，企業會以提高「薪資」的方式加以管理，不管是現金薪資、名譽薪資，還是榮譽薪資，都會給到位。

第二項：流程管理

流程管理是管事情的，是企業對內部業務流程的定位和改良，目的是向員工提供一個能夠勝任的職位、職責。如果企業給員工一個新的職位，或是提拔員工，就代表員工要承擔更多的職位職責。比如，由副組長提升為組長，員工的職位提升了，就意味著他要負起更多的責任和更大的擔當。

第三節　升級管理維度，激發團隊對職涯成長發生反思與轉變

第三項：培訓管理

培訓管理也稱為前途能力管理，即企業為了向員工提供更廣闊的發展前途，對員工進行的一種知識、技能、工作方法、工作態度等綜合素養的培訓，透過改善和提高員工的績效來達到企業的要求。

管理六大措施並沒有解決企業管理員工的根本問題，只是透過管理的方式影響員工的成長，或者激發員工承擔更多的責任，但是一個人真正的責任，應該是在更高層次上。真正解決管理的方案是讓員工的責任提升一個層次，也就是讓員工透過學習後，他整個人從內在的認同感到外在的能力都要進化。員工的進化完成以後，他的工作責任感會成倍數擴大，責任能力也會相應增強。

管理六大措施能做到有效的管理，但是無法解決根本問題，屬於治標不治本。因為這種管理模式只能發揮階段性的作用，是有邊際效益的，1～3個月後，員工的工作熱情會逐漸降低。半年後，他對工作的熱情會消失殆盡。所以，企業、團隊要想在發展過程中從本質上解決問題，關鍵點在於職涯的進化，也就是讓員工的自我成長上一個層次。只有提升員工的內在層次，員工的責任感才會有本質性的改變。

當企業給了員工股份後，員工還是原來的員工，他的思考模式、工作效率等跟以前一樣，本質上沒有改變，只不過因為未來收入提高了帶給他短暫的興奮，在短時間內激發了他的熱情和動力。

為什麼很多團隊成員的責任感遲遲沒有得到解決，承擔責任的能力始終無法有實質性的突破，經常跟不上企業的發展？主要原因是人們總是用管理的方式來解決問題，並沒有找到問題的癥結——讓員工的職涯發生進化，就是在對事物的認知、解決問題的能力等方面達到更高的層次。

第一章　成長思維：企業人才接班計畫的首要核心

現代管理學之父彼得‧杜拉克（Peter Drucker）曾說：「管理是一種實踐，其本質不在於知，而在於行；其驗證不在於邏輯，而在於成果；其唯一權威就是成就。」

真正的管理是讓員工職涯發生進化後得到成果，這種進化在成就員工的同時也成就企業。

對於企業來說，降本增效不是裁員，而是讓員工職涯進化後工作能力提升、收入提高，這才叫降本增效。也就是說，同樣一個人在進化後，他做了以前無法完成的工作，克服了以前克服不了的困難，業績得到提升，他的工作效率也會提高幾倍。所以，企業要降低成本，開源節流是表象，提高員工解決問題的能力是核心，讓員工實現個人和組織的雙重發展。

如果說銷售的本質是選擇「最愛的人」，那麼團隊的凝聚力是選擇「最愛的老闆」。老闆對員工最好的愛，就是讓員工跟著老闆提高自己的收入，而提高自己收入的方式就是在企業使自己進化。所有的成功都源自愛，而所有的愛都是有層次地逐步提升自己。

企業領導者只有升級管理維度，才能激發團隊對職涯發展發生反思與轉變，當團隊成員對職涯的認知層次和能力得到提高後，他們會更加主動地思考問題、尋找解決方案，並能夠更易於適應變化和應對挑戰，有助於團隊的創新和發展，提高工作的成功率。

領導者可以採取以下措施，如圖 1-11 所示。

第三節　升級管理維度，激發團隊對職涯成長發生反思與轉變

```
建立學習型團隊文化
       ↓
   推動跨部門合作
       ↓
  引入敏捷開發方法
       ↓
  建立開放性溝通管道
```

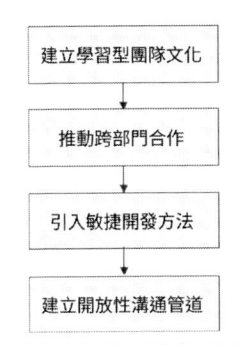

圖 1-11 領導者升級管理維度要採取的措施

1. 建立學習型團隊文化

鼓勵團隊成員持續學習和自我提升，激發和培養他們內心對自我提升的強烈意願。領導者可以定期舉辦培訓和知識分享會，提供學習資源和支持。

2. 推動跨部門合作

打破部門之間的壁壘，鼓勵團隊成員與其他部門進行合作和交流。領導者可以組織跨部門的專案組或工作坊，促進不同領域的知識和經驗的共享。

3. 引入敏捷開發方法

採用敏捷開發方法，比如，把專案拆解成可執行的小型任務，鼓勵團隊成員自主決策和快速回饋。領導者可以擔任教練的角色，或者請專業的顧問公司，幫助團隊成員解決問題和提升能力。

4. 建立開放性溝通管道

鼓勵團隊成員提出問題、分享想法和意見，建立一個開放性溝通氛圍。領導者可以定期舉辦團隊會議、一對一討論或匿名回饋機制，收集團隊成員的意見和建議。

第四節　職涯的階段性成長，企業衡量人才成長與轉型的標準

職涯的階段性成長是企業衡量人才成長與轉型的標準，即讓人的生命上升一個層次。當員工職涯發生進化後，就能徹底解決員工在工作中遇到的各種問題。員工工作效率提高了，企業、團隊在發展過程中遇到的各式各樣的問題也將迎刃而解。

這個說起來容易，但是做起來難。《道德經》有言：「天下難事，必作於易。」就是告訴我們，天下困難的事情，一定要從容易的地方做起。它強調了做事的方法和態度，面對困難要先從簡單的、基礎的方面開始，才能最終成就難事。而「反者，道之動也」，指的是反的思考是道的運動軌跡。也就是說，企業只有把最難的事情做好了，才會讓企業的經營變得簡單，而企業最難的事情就是企業要做人才成長與轉型的事情。如果讓整個團隊上升一個層次，那麼企業的管理、領導力、經營、效率、客戶滿意度都會躍上一個新臺階。

對於企業員工來說，職涯的階段性成長要經歷三次蛻變，每次蛻變的標準如圖 1-12 所示。

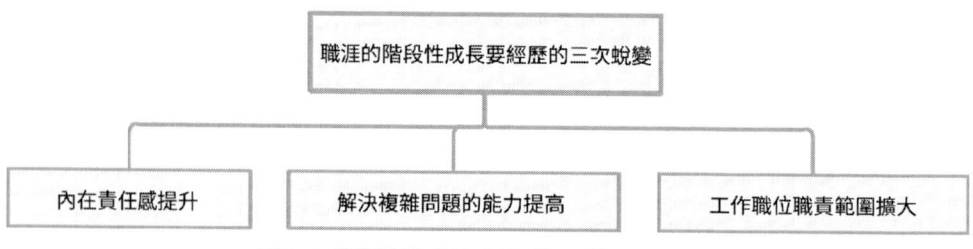

圖 1-12 職涯的階段性成長要經歷的三次蛻變

第一個標準：內在責任感提升

員工的內在責任感是對自己的工作和職責有一種自覺的、主動的承擔和負責的態度，這種來自內心的自我約束和責任意識是自動自發的，源於員工自身的價值觀、道德觀和職業素養。當員工內在責任擔當提升時，外在的管理範疇也將得到擴大。

第二個標準：解決複雜問題的能力提高

員工內在解決複雜問題的能力提高，能讓自己更易於應對工作中的變化，迅速找到解決方案，提高工作效率和品質，為組織帶來更好的業績，從而為企業的發展和創新作出更大的貢獻。員工內在的解決複雜問題的工作能力提高時，外在的成果也將提高。

第三個標準：工作職位職責範圍擴大

員工解決複雜問題的能力，不但能提高他在職場上的競爭力，更易於應對工作中的變化，而且可以提高團隊的整體效率和效果，促進團隊的成功，同時還是晉升和承擔更高級別職責的重要條件之一，最終會展現在工作職位職責範圍得到擴大，相應地也會讓自己的收入增加。

人才蛻變的這三個標準，就是普通員工成長為優秀員工必經的階段。這三個階段也是企業人才成長與轉型的標準。但人才成長與轉型的標準很難透過企業管理來解決，這是因為管理的作用是提高企業的效率和生產力，員工展現出來的大多是大家都能看到的一些外在的東西，比如，員工對待工作的態度，或者是實實在在的業績等表面的行為。企業通常也是用員工這些表面的行為，對員工進行評估的。

而人才成長與轉型必須讓員工內在開悟，因為每個人內在都蘊藏著一座神奇寶藏，只有開悟的人才懂得如何挖掘它，才能讓內在的生命得到綻放。

第一章　成長思維：企業人才接班計畫的首要核心

一個人內在的寶藏，通俗地講，就是自己的優點和長處，一旦被激發，就能成為收穫神奇生命力量的起點。這時他的成長不再是一種壓力，而是一種快樂、一種幸福，是一種發自內心的強大的力量。

對於企業來說，好的管理就是如何讓我們團隊的成員開悟，這是管理者轉為領導者最根本的考核點，具體表現在管理者和員工在成長與轉型後職位是隨著能力提升的，如圖 1-13 所示。

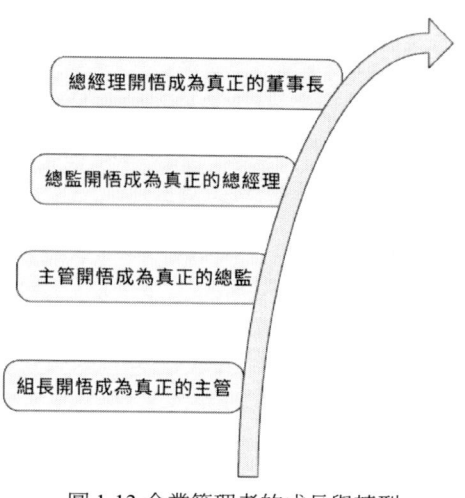

```
總經理開悟成為真正的董事長
總監開悟成為真正的總經理
主管開悟成為真正的總監
組長開悟成為真正的主管
```

圖 1-13 企業管理者的成長與轉型

「開悟」原本是佛教常講的覺悟，對於普通人來說，開悟就是覺醒或醒悟、了解事物的真相。職涯成長中的「開悟」，其實就是生命的覺醒，也叫「心靈的覺醒」，是一個人對自己、對萬物都有清楚的認知，他明白人活著的真正意義，這時候他是身心完全統一的個體，能夠自我控制身心，不會被外在的任何物欲迷惑，這是一種超越普通知識和經驗的靈魂甦醒，能夠深刻洞察事物的本質。

一個人「開悟」以後，就像鳳凰涅槃一樣經歷浴火燃燒後得到重生和永生，他們的生命會躍升上一個臺階，與從前的自己判若兩人，讓自己在有生之年「遇見更加卓越的自己」。

第四節　職涯的階段性成長，企業衡量人才成長與轉型的標準

已故的蘋果公司創始人賈伯斯（Steve Jobs）是享譽全球的商業領袖和技術天才，他的成功不可複製。

早在 1974 年，賈伯斯在 19 歲時前往印度進行了一次為期數月的旅行，這次旅行對他的人生和事業產生了深遠的影響。他透過靜坐、苦行體驗、克制物欲等修行方式，對自己的生命有了更清楚的認知，並開始吃素食。

在印度期間，賈伯斯第一次接觸了佛教和印度教的哲學思想，並參加了一些冥想課程。這些經歷讓他開始認真思考人生的意義和目的，這些思考對他的設計理念產生了影響。他後來在蘋果公司的產品設計中融入了簡潔、美觀和易用性等理念，這些理念在相當程度上也是受到了他在印度旅行的影響。

賈伯斯在印度的經歷對他的商業決策產生了影響，他更加關注產品的品質和使用者體驗，而不是僅僅關注產品利潤和市場占有率。

正是這次長達 7 個月的印度修行，讓賈伯斯對東方哲學和冥想產生了濃厚的興趣，也讓他內在的心智徹底開悟，讓他擁有了更高的生命層次和更開放的境界，對他的人生和事業產生了深遠的影響，使他突破了自己的思考和觀念，成為一位更加有思想和創意的領導者。

生命的成長，就是讓生命提升層次，能夠讓人們領悟自我存在的真相，得到全面的覺醒和超越，讓人們知行合一，實現自我超越。這時候，你開始擁有掌控自己命運的主動權，活出全新的自己，你的生活和事業會徹底改變，你在脫胎換骨後獲得了生命的昇華。由此可見，員工的這個認知提升過程都不是單純地用當下的管理制度所能解決的，真正的人才接班計畫中的作用，就是如何讓對方內在開悟，這是企業領導人必須過的關口。

第一章　成長思維：企業人才接班計畫的首要核心

下面我來分享一個成長的模型，就是631法則：

在人生的長河之中，有60%的人是在遇到問題之後才想著解決問題，這是沒有前瞻性的一部分人。他們只有在生活或者工作上遇到了很大的困難時才嘗試去解決問題。解決方式也僅限於就事論事，不會探究真正原因，導致問題最終難以從根本上解決。

另有30%的人是在沒有遇到問題的時候，就開始反省自己：「我哪些方面的能力需要提升？我哪些方面有待完善？」想過之後，他們就開始為自己做規劃並作出行動，比如，有的人覺得專業方面有不足，就選擇考一些有利於職涯發展的證書；有的人覺得應該提升自己的管理能力，就學習管理知識；有的人感覺自己的技術能力需要提升，就想方設法地提升技術……他們透過各種辦法突破自己。

還有10%的人，我們稱為成長裂變型的人，他們為自己設定的目標就是要成為另外一個人，讓自己發生本質上的改變，而不只是讓能力得到小幅度提高，這樣的人就屬於成長裂變型人才。

在一個企業中，存在著很多631法則中的員工，60%的員工是遇到問題後才會想著去解決問題，30%的員工是在沒有遇到問題的時候開始持續替自己規劃，只有10%的成長裂變型員工的目標是讓自己成長為更優秀的人。

在組長之中也存在著631法則，甚至主管、總監、總經理乃至董事長都能在631法則中找到自己的類型。

很多企業倒閉的很大一部分因素是企業中631法則中10%的企業團隊太少，所以才只有10%的企業會與時俱進。因為這10%的企業的董事長是10%的人，他們會主動自我升級，然後再帶領團隊和企業一起成長。

第四節　職涯的階段性成長，企業衡量人才成長與轉型的標準

而60%的企業遇到問題才去解決問題，產品品質遇到問題就解決品質的問題，團隊遇到問題就想著去解決團隊問題，員工工作效率低下就想著去解決效率低下的問題，員工離職就解決員工離職的問題。企業這種「頭痛醫頭，腳痛醫腳」的做法，並沒有從根本上解決問題。

我做過一個總結，人群之中的631法則在各個層面都會清楚地展現。並不是說10%的人都會成長，而是每個層面只有10%的人會選擇成長。

企業的人才接班計畫，先要透過企業建立領導力，才能讓團隊的成長比例大幅提升，各個層面成長的比例由10%增加到30%，再增加到40%；工作能力成長由30%增加到40%，再增加到50%。這就是學習型組織的打造，是企業持續發展的內在動力和內在根本。

由於每個層面只有少部分人掌握了成長的路徑，因此連續成長者少之又少。人們如何能夠成長，甚至成為連續成長者，這是人們人生要過的一道關卡。

第一章　成長思維：企業人才接班計畫的首要核心

第五節
五代領導力，企業與員工互利雙贏

五代領導力理論是由美國學者詹姆斯・庫澤斯（James M. Kouzes）在其與巴里・波斯納（Barry Z. Posner）合著的《領導力》(*The Leadership Challenge*) 中提出的，他把領導力的發展分為五個階段，即職位、認同、生產、立人和巔峰，如圖 1-14 所示。

職位 → 認同 → 生產 → 立人 → 巔峰

圖 1-14 詹姆士提出的五代領導力

詹姆斯提出的五代領導力，要求管理者在員工職涯中的五個階段要做到：在職位階段，管理者透過明確職責和目標，為員工提供方向和指導；在認同階段，管理者與員工建立起相互信任和尊重的關係，共同為實現企業目標而努力；在生產階段，管理者注重提高員工的工作效率和績效，透過培訓和激勵來激發員工的潛力；在立人階段，管理者關注員工的個人發展和職業規劃，為員工提供成長的機會和支持；在巔峰階段，管理者成為組織的象徵和精神領袖，激勵員工追求卓越，共同創造價值。

這裡所要講的五代領導力，是站在人性的角度來闡述的，在結合企業文化的基礎上，總結了企業管理者最常見的幾種管理方式。這些管理方式隨著管理者領導力的升級更新，不斷趨於完善，使得他們的領導力越來越人性化，顯示了企業管理的最高領導智慧。這個過程一共經歷了五代領導力，管理者在每一代都扮演著不同的角色，如圖 1-15 所示。

```
獎懲領導力 → 情感領導力 → 激勵領導力 → 成長領導力 → 使命領導力
                          ↓
              企業管理者經歷的五代領導力
```

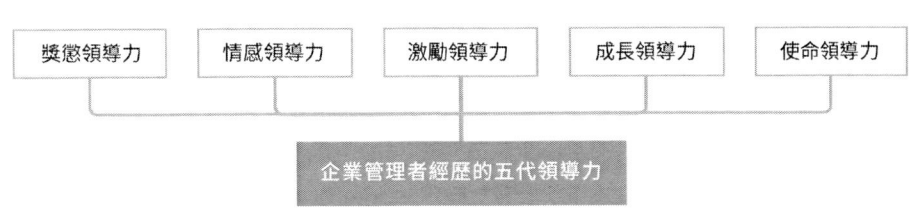

圖 1-15 企業管理者經歷的五代領導力

第一代領導力：獎懲領導力

　　第一代領導力的核心主要是「獎懲並用」，員工做得好，公司給予物質的獎勵；員工做得不好，就給予物質或者精神的懲罰。獎懲領導力類似於「一手打人、一手給糖」。這種「左手獎勵，右手懲罰」的管理方法，採用的是獎懲結合、恩威並施。透過紀律嚴明的獎罰制度來規範員工的行為，讓員工按照管理層期望的那樣去工作。

　　獎懲領導力的處理焦點表現在肢體上，表現的是「嚴格」，比如，用考核的方式、用制度的嚴格方式來對肢體進行獎懲。

第二代領導力：情感領導力

　　第二代領導力的核心是高情商，領導者對團隊成員進行的是感情投資，以真誠的關心和貼心的照顧來感動團隊的每一個人，讓大家自覺自願自發地去行動。

　　情感領導力的焦點是在領導者的感覺上，領導者用深厚的感情與員工建立關係是它的關鍵要點。

第三代領導力：激勵領導力

　　第三代領導力的核心是激發員工的欲望，領導者透過了解員工的需求和動機對其進行物質和精神的激勵，以此來提高員工的工作效率，使整個企業團隊的運作方式更加有效。

第一章　成長思維：企業人才接班計畫的首要核心

激勵領導力的焦點是對員工的欲望予以相應的利益，以此來激發員工的欲望，透過利益來驅動人的積極性和創造性，以及工作的動力、行動力和內驅力。

第四代領導力：成長領導力

第四代領導力的核心是幫助員工成長，領導者為公司和員工建立方向，對員工的職業發展、未來規劃給予建議和指導，真心為對方著想。

成長領導力的焦點是發展和成長，尊重員工的個性差異，允許不同層次的員工以相互學習的方式共存，透過彼此幫助和合作逐步升級，在協同配合當中讓員工實現自我成長。

第五代領導力：使命領導力

第五代領導力的核心是神聖的社會使命感，領導者內心深處對社會的責任和使命的信念與擔當。他們意識到自己的使命就是要為社會帶來積極的改變，因此，用使命喚醒員工，幫助員工了解自我價值，激發員工的團隊責任和使命感，提高團隊的凝聚力。

使命領導力的焦點是使命和社會價值，領導者追尋的是生命的意義，也幫助企業的每個員工尋找生命的意義，讓員工運用自身技能勇敢做自己，透過發揮自身所長實現自己的社會價值，活出自己的意義和價值。

星巴克是一家全球知名的咖啡連鎖企業，以其對員工的關懷和對社會責任的重視而受到廣泛認可。

星巴克的企業文化強調的是一個人的價值和尊嚴，鼓勵員工尋找自己生命的意義，並且透過有意義的工作，實現自己的社會價值。為此，公司提供了豐富的培訓和發展機會，幫助員工提升技能和知識，同時也鼓勵員工參與社會公益活動，為社區作出貢獻。

第五節　五代領導力，企業與員工互利雙贏

　　為了激發員工的社會責任意識，星巴克特意為員工推出了「星巴克志工計畫」，鼓勵員工參與志工服務活動。

　　同時，星巴克員工可以選擇參與各種社會計畫，如教育支持、環境保護、社區建設等，讓員工透過自己的行動為社會帶來正面的影響。這項活動大大地提高了員工的社會責任感。

　　此外，星巴克還關注員工的身心健康，提供健康保險、帶薪休假、健身設施等福利，以此來幫助員工保持平衡的生活方式。

　　透過這些舉措，星巴克為員工創造了一個積極的工作環境，鼓勵他們不斷學習、成長，並提供了實現個人和職業目標的機會。不僅幫助員工個人成長和發展，還激勵他們為社會作出貢獻，活出自己的社會價值。這種關注員工生命意義的企業文化，使得星巴克成為一個吸引人才和留住員工的理想工作場所。

　　由此可見，企業必須注重員工的個人成長和社會價值實現。每個企業都有其獨特的方式來激勵員工尋找生命的意義，並透過工作為社會作出正向的貢獻。

　　優秀的領導團隊必須以四代、五代為核心，並輔之以一代、二代和三代，這樣才能解決企業團隊建設中遇到的各式各樣的問題。

　　五代領導力聚焦強調的是企業與員工之間的關係是互利雙贏的，領導者不僅要關注企業組織的目標，還要關注員工的成長和發展。員工只有在領導者的指導和支持下，才能不斷地成長和發展。這是一種互相成就過程，員工在提高工作績效和滿意度的同時，企業也將獲得更高的績效和競爭力，實現永續發展。

第一章　成長思維：企業人才接班計畫的首要核心

第二章
自我提升：
企業人才接班計畫的進階通道

第二章　自我提升：企業人才接班計畫的進階通道

第一節
建立系統，讓每個員工對結果負責

　　企業要想持續地發展就必須有進化的能力，這樣才能驅動產品不停地升級，隨著企業產品不斷進化，產品競爭力會進一步提升。而企業持續更新的基礎是領導者和員工自身都要成長，領導者的能力升級更新了，自然會帶動員工的成長能力進一步提升，員工成長了，企業的業務、產品都將得到大幅提升──這是一個完整的升級系統模式。

　　不管是領導者還是員工，升級的核心在於升級的模式，而升級的模式中最重要的是責任的邏輯。那麼，升級的模式、升級的邏輯是怎樣的？我們透過一則寓言故事加以分析。

　　獵犬是動物王國的果園巡視員，獅子負責果園的經營管理工作，虎大王是動物王國的首領。

　　有一天，虎大王要招待遠道而來的貴賓，就派獅子到果園去採集芒果。

　　獅子到果園問獵犬：「請你告訴我，芒果在哪個位置？」獵犬很熱情地把芒果所在的位置告訴了獅子，獅子也很仔細地記下了。為安全起見，獅子還把畫好的草圖讓獵犬確認過後才放心去採芒果。

　　過了一個小時，獅子兩手空空地回來了。因為獵犬講的位置與芒果的真實位置不符，導致獅子白跑一趟。獅子生氣地走到獵犬面前質問道：「你對工作太不認真了，你怎麼記錯了地方，耽誤大王招待貴賓，你能負得起這個責任嗎？」

　　獵犬認為自己沒有責任，他反駁獅子：「大王是叫你找芒果，你找不到芒果，這是你自己的責任！」

第一節 建立系統,讓每個員工對結果負責

在這個案例中,虎大王、獅子、獵犬分別代表企業的高層、中層和基層。當高層的虎大王向中層的獅子指派任務時,獅子會找到基層的員工獵犬一起完成這項工作。現在工作出了問題,那麼,到底誰該為找不到芒果負責任?是虎大王?還是獅子?抑或獵犬?或者是他們各自都應該負責任?各自應該負多少責任?

對於這個問題,不同的人會給出不同的答案,因為每個人會根據自己的理解回答這個問題,所以給出的答案自然也有很多種。下面我們來選擇幾個比較典型的答案加以分析,如表2-1所示。

表2-1 六個典型的答案

	虎大王	獅子	獵犬
負責任比重	100%責任 虎大王作為企業的高層領導者,是這個專案的決策者,要對結果負全責	100%責任 獅子作為企業的中層管理者,是這個專案的經營者,要對結果負全責	100%責任 獵犬作為企業的基層員工,是這個專案的執行者,要對結果負全責
	70%責任 虎大王作為企業的最高領導者,也是終極責任者,應該負70%的責任	30%責任 獅子負30%的管理或者間接的責任	不負責任 獵犬只是基層的執行者,不需要負責任
	10%責任 虎大王離具體工作太遠,只需要負10%的責任	60%責任 獅子是對接上級和下級的管理層,他要負管理的責任,即獅子要負60%的責任	30%責任 獵犬只是執行層,需要負30%的責任

043

第二章　自我提升：企業人才接班計畫的進階通道

	虎大王	獅子	獵犬
負責任比重	10%責任 虎大王離具體工作太遠，只需要負10%的責任	30%責任 獅子負30%的管理或者間接的責任	60%責任 獵犬作為看管果園的人，他做的是具體的工作，應該擔負起主要責任，即獵犬負60%的責任
	不負責任 虎大王把工作內容具體地講給相關經辦人獅子後，大王的責任就完成了，大王不需要負責任	70%責任 獅子作為接受指令的直接責任人要負主要責任，即獅子負70%的責任	30%責任 獵犬是指令的執行者，要負30%的責任
	60%責任 虎大王作為高層要負更多的責任，即虎大王要負60%的責任	30%責任 獅子作為中層，要負30%的責任	10%責任 基層的獵犬只需要負10%的責任

那麼，高層、中層和基層應分別負多少責任？從成長的角度來講，無論他們負多少責任，都不是真正的負責任。因為真正負責任的核心邏輯是「不管你在哪個職位，都要為結果負起責任；不管別人負不負責任，我都要負責任」。只有讓「企業每個人為結果負責任」，才是成長的邏輯。所以，真正的負責任和職位、職務無關，只和你持續自我調整和改進的決心有關係，如圖2-1所示。

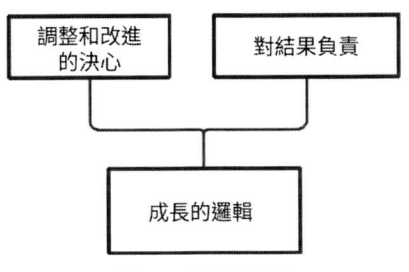

圖 2-1 成長的邏輯

在任何企業中，不管是招募系統出現問題，還是人才培養方案出現問題，抑或業務流程管理存在問題等，無論企業流程中哪個環節出現問題，都是系統出現了問題。企業一旦把人凌駕於系統之上，就會出現我們上面講的那種情況，只要出了問題，就會盯著人，事後問責一堆人。但如果不做好系統問題，這種問題就會屢次出現。而願意成長的人焦點永遠是放在重建系統，他們透過重建系統從根本上解決問題。所以，企業一定要盯著系統。

我們之前合作的一個裝修公司，他們公司的工程師因為工作失誤，損失了一個 200 萬元的案子。這個專案的前期工作一直進展得很順利，結果等工程師去做收尾工作時，卻因為一時疏忽大意，把客戶訂製的高級家具的尺寸多做了幾公分。

原來，負責到客戶家量尺寸的員工提供的是標準尺寸，材質、款式也都沒有錯。交到工程師手裡的資料也很詳細，工程師是嚴格按照收到的標準尺寸做的。但客戶訂製的所有家具是要嵌進牆裡去的，這就需要做這些家具時要縮小幾公分。因為工程師沒有到現場，就按照收到的尺寸標準做好了家具，結果全部不能用。

我問老闆：「你們有稽核機制嗎？」

他說：「沒有。」

我又問：「這樣的事情以前發生過嗎？以前為什麼沒有這麼損失嚴重？」

045

第二章　自我提升：企業人才接班計畫的進階通道

他回答：「發生過，但損失很小。這個工程師的工作一直做得很好，連小錯誤都沒有犯過。」

我告訴他，這就是系統的問題。如果公司有嚴格的稽核機制，只要是新產品，都會事先進行稽核，包括對產品的現場勘查，只要發現哪裡出錯了，系統馬上會提示，引起大家注意後，企業就會重新對測量的尺寸數字和現場進行核查。這樣在工程師做家具前就把問題解決了。

在他們這個專案中，如果追究人的責任，應該是都沒有錯誤，大家各司其職。可為什麼造成了這樣的結果呢？

原因在於系統出錯。系統解決問題的能力更精確，遠超於人。企業升級的作用在於建構完備的系統，以往是出了問題才追究人的責任，現在是工作尚未展開，系統出現問題就解決系統的問題。只要遇到問題，就從系統層面解決。

以前面我們提到的獅子採集芒果為例，如果企業擁有完善的稽核系統，那麼在獅子前往果園採集芒果之前，系統就會查出獵犬提供的資訊錯誤，獅子和獵犬便會尋找正確的芒果所在地。只有解決系統問題，員工才會對結果負責。

A 零售集團已發展近 30 年，因其卓越的客戶服務和員工福利而備受關注。

在電商的衝擊下，許多實體店的生意每況愈下。然而，集團旗下的一家門市卻因來客眾多而實施人流管制，由於生意太好，每週二還會公休讓員工休息，以免員工過勞影響健康。

A 零售集團從一家 40 平方公尺的雜貨小店，發展成為今天涵蓋百貨、電器和超市等多個領域的大型連鎖零售企業，現有員工 7,000 餘名。

A 零售集團自開業以來，在經營管理層面著重強化人力資源管理，

加大引進高技術人才的力度,提升員工的綜合素養,增強企業的凝聚力。在經營理念上,堅持創新驅動,打造獨具特色的品牌零售企業,並計劃將自有品牌銷售額提升至總銷售額的 20%。

經過多年發展,A 零售集團明確了企業使命:打造「良心企業」,成為「零售業最好的店」,旨在為更多顧客提供優質的產品和服務,為企業員工和股東創造更大的價值。

在社會責任層面,A 零售集團更是積極主動地承擔社會責任,進一步提升企業的知名度和社會責任感,實現持續發展和壯大。

A 零售集團是如何成為商界傳奇的?答案就是在企業建立完整的系統。集團以「負責任」的經營理念,成功地建立了一個讓每個員工都對結果負責任的系統。這種責任文化提高了員工的積極性、創新性和工作效率,也推動了企業的持續發展。

該集團以「負責任」經營理念圍繞著「對顧客負責,對社會負責,對員工負責」制定了一系列措施,如圖 2-2 所示。這些舉措在提高企業效益的同時,也激勵和促進了員工的成長。

明確責任分配 → 培訓和發展 → 激勵機制 → 溝通和反饋 → 企業文化

圖 2-2 A 零售集團以「負責任」的經營理念制定的措施

1. 明確責任分配

集團透過制定詳細的職位職責和工作流程,確保每個員工清楚自己的工作內容和責任。每個員工都知道自己在公司營運中的角色,以及他們的工作如何影響公司的整體績效。

2. 培訓和發展

集團為員工提供廣泛的培訓機會，包括內部培訓和外部培訓課程。這些培訓幫助員工提升技能，了解公司的價值觀和文化，以及讓員工學會如何更好地履行自己的職責。透過培訓，員工更有信心和能力為結果負責。

3. 激勵機制

集團設立了一套激勵機制，包括績效獎金、晉升機會和其他獎勵。這些激勵措施鼓勵員工努力工作，提高績效，並對自己的工作結果負責。

4. 溝通和回饋

集團建立了開放的溝通管道，員工可以隨時向上級反映問題、提出建議。公司也定期進行員工滿意度調查，以了解員工的需求和意見。這種溝通和回饋機制有助於員工更容易理解公司的期望，並對自己的工作表現負責。

5. 企業文化

集團強調以人為本的企業文化，注重員工的身心健康和工作生活平衡。公司提供良好的工作環境和福利待遇，讓員工感受到公司對他們的關心和支持。這種企業文化有助於增強員工的歸屬感和責任感。

第二節　職責突破，領導階層要完成的三階段循環提升責任

　　從古至今，人才都是決定社會進步的關鍵因素。對於企業來說更是如此，未來企業之間的競爭就是對人才的競爭，領導者管理的關鍵就是要真正激發員工的創造力，把員工的創造力放到組織中來發揮，讓員工與組織能夠同頻共振。

　　美國著名的管理學者彼得・聖吉（Peter M. Senge）在《第五項修練》（*The Fifth Discipline: The Art and Practice of the Learning Organization*）提出：「未來真正出色的企業，將是能夠設法使各階層人員全心投入，並有能力不斷學習的組織。」彼得・聖吉所說的「學習型組織」就是指員工透過自我提升突破自我、超越自我。

　　牛頓（Isaac Newton）說：「我可以計算天體運行的軌道，卻無法計算人性的瘋狂。」面對複雜的人性，作為領導者，只有先了解人性，才能駕馭人性。知曉人性真相，再不斷提升對人性的理解，在這個層面上就能做好管理升級。

　　在一個企業中，領導階層是企業的頂層，決定了企業最終的發展格局。領導階層要突破自己的職責，需要完成三階段循環提升責任，如圖2-3 所示。

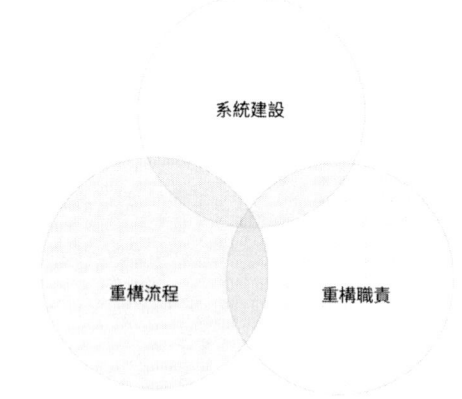

第二章　自我提升：企業人才接班計畫的進階通道

圖 2-3 企業領導階層要完成的三階段循環提升責任

　　三階段循環提升責任是具有邏輯性的，就像人們上臺階一樣，由低向高處逐漸爬升。真正不斷嘗試的人開悟後會重塑自我，丟掉原來的自己，成為另一個全新的自己。

第一階段循環提升責任：系統建設

　　第一階段循環提升責任的人聚焦於系統建設，有點類似於電腦升級後的更新換代，先要進行系統建設。持續改進的人認為沒有結果並不是個人的問題，工作出現問題個人並沒有對錯，所有的問題都是由於系統不完善造成的。持續改進的人，焦點不再是個人的工作，而是整個系統。因此，持續改進的人面對出現的問題時，會直接重構系統；工作無法達到預期的結果，就會重構系統。透過重構系統解決工作中出現的問題、確保工作要達到的結果。這個叫做第一階段循環提升責任，如圖 2-4 所示。

第二節　職責突破，領導階層要完成的三階段循環提升責任

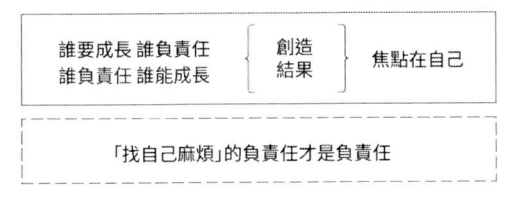

第一階段循環提升責任樣貌

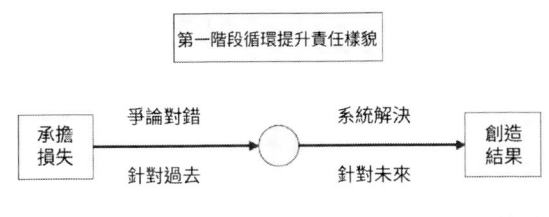

承擔損失 → 爭論對錯（針對過去） → 系統解決（針對未來） → 創造結果

個人責任（10%結果）　局部責任（30%結果）　系統責任（100%結果）

誰要成長 誰負責任
誰負責任 誰能成長　｛創造結果｝　焦點在自己

「找自己麻煩」的負責任才是負責任

圖 2-4 第一階段循環提升責任樣貌

在第一階段循環提升責任的人看來，工作中所有的問題與自己的職位無關，只與建立的系統有關係，誰要調整誰就去負起重建系統的責任。誰負起了重建系統的責任，誰就能進化。正如古人所說，「行有不得者，皆反求諸己」。不斷成長的領導者，焦點永遠都是放在自己身上，事情出現困難，就去找系統的問題；員工出現問題，是沒有解決系統問題。

由此可見，工作中出現的所有問題都不是個人的問題，而是系統出現了問題。企業管理就是管人性，系統裡要解決的也是「人性之惡」的問題，比如，某人在工作中不願意擔負責任、自私、推諉等，要解決這一系列的問題，單純靠管理是無法解決的，但系統都能夠解決，這樣的系統才是持續進化的人要建立的系統。

第二階段循環提升責任：重構流程

我們做任何事情都分為前期、中期、後期，持續調整的責任是要在前期、中期和後期全部負起責任。但是在實際工作中，很多人由於職位職責的局限性，只會負局部的責任。有的人負責前期找資源、做規劃；有了資源，做好規劃，再交給中期的人去負責落實推動，把細節做好；

第二章　自我提升：企業人才接班計畫的進階通道

後期的人複核、審查後再去交付。這種在工作之中可能只會負責其中一環的工作模式，是大部分人的工作狀態。任何一個環節出了問題，其結果都是不能確保達成的。

而持續改進的領導者不會局限於職位職責，他考量的是整個工作流程中的前期、中期和後期，也就是說，這樣的領導者是負責工作的全流程，如圖 2-5 所示。

```
                    ┌──────────────┐
                    │  團隊內部不團結  │
                    └──────────────┘
    ┌──────┐        ┌──────┐        ┌──────┐
    │ 開始 │        │ 過程 │        │ 結果 │
    └──────┘        └──────┘        └──────┘

個人責任(10%結果)   局部責任(30%結果)   系統責任(100%結果)
┌─────────────────────────────────────────────┐
│ (1) 擔負開始責任：規劃後指派別人，授權別人      │
│ (2) 擔負過程責任：條件要求＋自己流程管控        │
│ (3) 擔負結果責任：全流程＋跨職位＋大系統        │
├─ ─ ─ ─ ─ ─ ─ ─ ─ ─ ─ ─ ─ ─ ─ ─ ─ ─ ─ ─ ─ ─┤
│   所有的問題都不是個人問題，都是系統問題        │
│   解決「人性之惡」問題的系統才是真正負責任的系統 │
└─ ─ ─ ─ ─ ─ ─ ─ ─ ─ ─ ─ ─ ─ ─ ─ ─ ─ ─ ─ ─ ─┘
```

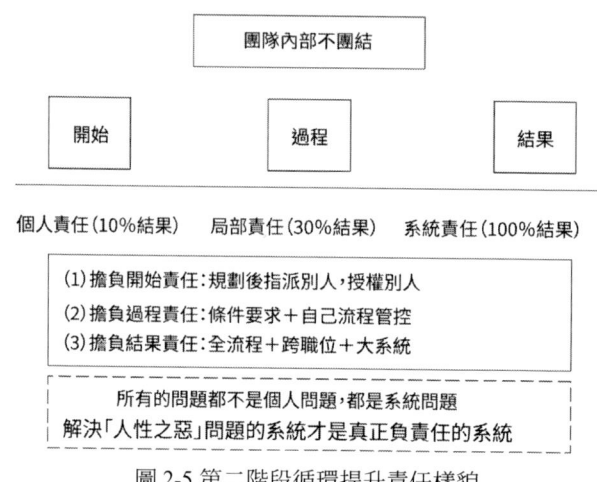

圖 2-5 第二階段循環提升責任樣貌

很多人可能會有疑問：「領導者也只是負責一個職位，或者一個環節，那他怎麼做到全流程負責任？」很簡單，就是持續改進的領導者會主動介入其他的部分，主動去溝通，主動去磨合，直到全流程能夠順暢起來，用有效的過程管理來保證結果的達成。

這個有效的過程是持續改進的領導者自己做流程，透過一系列的限制和要求，克服「人性之惡」的系統。這樣的領導者透過重構流程，對全流程進行管控。

通俗地講，他們是跨職位、跨部門、跨企業去負責任，以確保全流程管控。

第二節　職責突破，領導階層要完成的三階段循環提升責任

所以，在第二階段循環提升責任裡，一言以蔽之，即他們永遠都是在自己身上下工夫，尋找自己的問題，而不會去「跨部門」找其他人的麻煩，相反地，是協助其他部門的人把流程做好，把問題解決。透過重構系統負起全流程的責任，就是第二階段循環提升的責任。

第三階段循環提升責任：重構職責

除了自己的本職工作之外，企業每個領導者還有上級的工作、下級的工作、平級的工作。在工作之中會發現這樣一個現象，就是職責與職責之間會出現很多灰色地帶。所謂灰色地帶，就是職權界定不清楚、規則制定不明確的職責，或者規則沒有制定的職責，或者這個規則制定了卻沒有理想結果的職責。那持續改進的人是怎樣的呢？

持續改進的領導者第一個核心邏輯是責任擴展，即只要是跟自己相關的事情，沒有結果的地方，他就會主動去承擔這份灰色地帶的責任，這個叫做小成長，就是小的提升，小成長是承擔其責任擴展的責任。

除了小提升的小成長以外，還有大成長大提升，即職責突破。

真正不斷成長的人是從本職工作延伸至平級的工作和職責，再延伸到上級的職位職責，延伸到下級的職位職責，這個叫做三階段循環提升責任。三階段循環提升責任是由責任擴展到職責突破，只有這樣做，人們才能做到擴大責任範圍、提升工作能力，從而讓自己在工作中拿到相應的結果。這就是我們說的第三階段循環提升責任。

對於這三階段循環提升責任，我們來做一個總結：第一階段的核心邏輯是系統建設，持續改進的人是要重構系統的責任；第二階段是重構流程的責任；第三階段是重構職責的責任。所以，持續改進的人的焦點不再是去爭論對錯，也不再是去爭論好壞，他只在重構系統、重構流程和重構職責三個方面下工夫，如圖 2-6 所示。

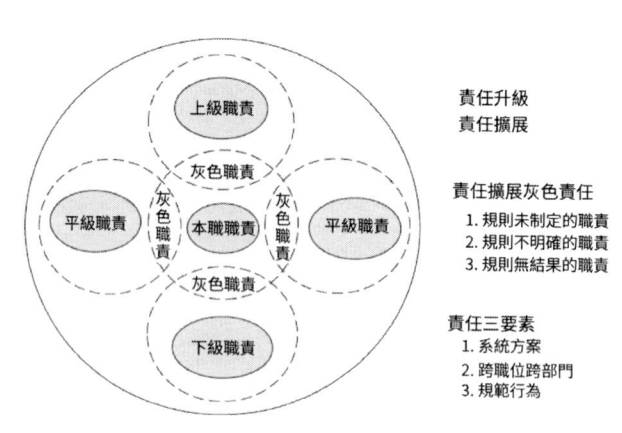

第二章 自我提升：企業人才接班計畫的進階通道

圖 2-6 第三階段循環提升責任樣貌

領導者只要是基於三階段循環提升責任邏輯持續不斷改進，他的職位會跟隨能力一起提升，就會由第一線組長升級為基層主管，基層主管升級為部門總監，部門總監升級為副總經理，副總經理升級為總經理，總經理升級為董事長，如圖 2-7 所示。

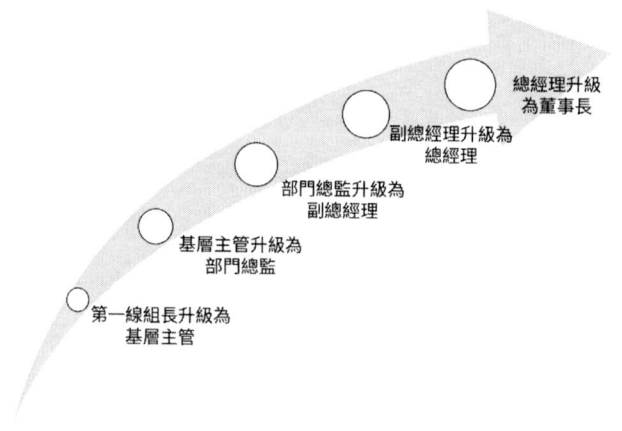

圖 2-7 完成三階段循環提升責任的人的職位變化

持續改進者在這樣的人群中只占 20%，80%的成長者是部分提升，他們進步到某一個階段就會停滯不前，或者沒有了成長的意願和動力，或者缺乏「貴人」指點。

第二節　職責突破，領導階層要完成的三階段循環提升責任

職場江湖終歸是實力的競技場，對每個人只認結果，不認過程。個人如此，企業也是如此。在一個企業中，有多少人持續進化，直接決定企業的發展速度，如果團隊裡的人從10%的成長者擴展到30%的成長者，那企業進化的速度就將提升3倍，這30%的員工的能力成長也將倍增，企業的速度也會提升。所以，企業發展的關鍵就是要建立不斷成長的團隊，讓它的數量增加，品質提高，這就是企業的發展。

那麼，誰來主掌企業不斷成長的工作？

這個工作必須由董事長來主掌，因為這是改變生命，改變系統運作，改變人的思考結構，這不是人力資源部門能夠做到的。人力資源部門既沒有這個許可權，也沒有這個能力。所以，董事長是循環改進的第一責任者。

職涯成長的過程分為先決定後成為和先成為後決定，如圖2-8所示。

先決定後成為　➡　先成為後決定

圖 2-8 職涯成長的過程分為先決定後成為和先成為後決定

1. 先決定後成為

先決定後成為，就是「我現在什麼能力都沒有，但是我決定先鎖定要成長的目標，有了目標，我才有動力突破自己、不斷提高工作能力」。

2. 先成為後決定

先成為後決定，就是自己一邊工作一邊學習成長，成長了再決定是否往上發展職涯。這樣的成長方式遠沒有「先決定後成為」提升得快。

第二章　自我提升：企業人才接班計畫的進階通道

自我提升是一件非常難以突破的事情，它的解決方法就是「先決定後成為」，只有決定先突破自己，才能有更多的資源、方法、策略匯聚到你身上。如果你是慢慢地累積，累積之後再成為，那麼有很多問題在短時間內將難以解決。

成長需要解決很多問題，並同時突破。如果人們只是今天成長一點，明天成長一點，想突破自己是很困難的。所以，人們要先做一個決定，決定自己要先成為更高層級的人，甚至成為連續成長者。只有決定了之後，天地才會為你打開一扇大門，資源才會向你彙集，你才會真正地踏上成長改變之路。

總之，就是誰要成長誰負責任，誰成長誰就能受益，誰成長誰就懂得建立系統。在企業裡，領導者提拔的自然也是能為企業解決系統的人。

《彼得・杜拉克的管理聖經》(The Practice of Management)中有一句名言：「企業和企業之間的差距就是人的差距。」

誰擁有優秀的人才，誰就能在商場上自由馳騁，因此掌握關鍵人才成為企業競爭的利器，而關鍵人才也是企業競相爭奪的對象。持續進化的領導者也會因為其出色的能力，成為優秀企業爭奪的菁英領導者。

第三節
解決困惑，持續成長的員工必須突破卡點

在人們的生活和工作中，總會遇到很多煩心事。這些煩心事令人們煩躁不安，因此導致人們對給人們製造煩惱的人有所抱怨和憎恨。這些人都是跟人們的生活息息相關的人，包括工作中的上級、同事，以及身邊的朋友、父母、伴侶、孩子等。

當所有的抱怨和憎恨成為人們能力的邊界時，也就上升為無法突破的天花板。如果不解決這些問題，人們的生活和事業都將卡在這裡止步不前。只有不斷成長，超越自我，才能突破這些卡點。在你的生命中，你能「服務」多少人，有多少人願意圍著你轉，你人生的吸引力就有多大。

那麼，什麼是卡點呢？

通俗地講，卡點就是人生重要的轉捩點。也就是說，只有攻克出現在人們前行路上的難關，擺脫出現在人們前行路上的困境才能繼續前行。一個人要想獲得事業的成功，必須突破這些卡點。

真正的成長核心就是要讓自己的認知能力上升一個層面，就好比你站在高處俯瞰低處的景色，因為站得高，自然就能夠把低處的景色盡收眼底。成長就是這個道理，在你上升到一個層面的過程中，會遇到各式各樣的困難，只有克服這些困難，你才能上升一個層面。上升的層面越高，克服的困難越多，就越能夠融會貫通。這樣的成長難度非常之大，所以人們要想辦法突破自己面臨的「卡點」。

踏上成長之旅前，人們先要突破當下面臨的難題，透過解決這些難題找到其原因和邏輯。只有找到原因，以及解決問題的邏輯、解決問題的方法，才會真正有所突破。

第二章　自我提升：企業人才接班計畫的進階通道

有一次在輔導課上，有三位想要成長的學員寫下了他們目前需要解決的難題。一位做部門總監的學員寫了八個難題，如圖 2-9 所示。

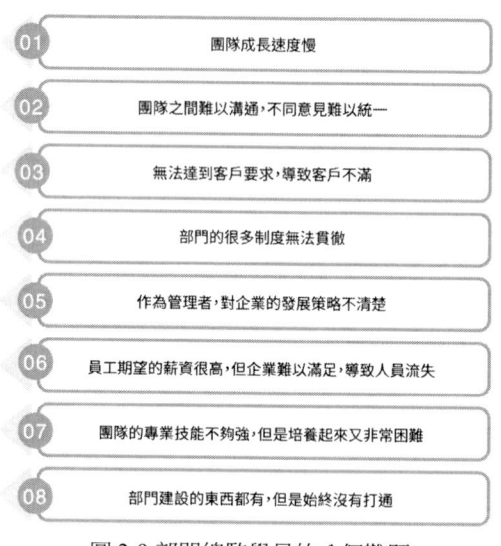

01	團隊成長速度慢
02	團隊之間難以溝通，不同意見難以統一
03	無法達到客戶要求，導致客戶不滿
04	部門的很多制度無法貫徹
05	作為管理者，對企業的發展策略不清楚
06	員工期望的薪資很高，但企業難以滿足，導致人員流失
07	團隊的專業技能不夠強，但是培養起來又非常困難
08	部門建設的東西都有，但是始終沒有打通

圖 2-9 部門總監學員的八個難題

一位企業董事長學員寫下了他的七個困惑，如圖 2-10 所示。

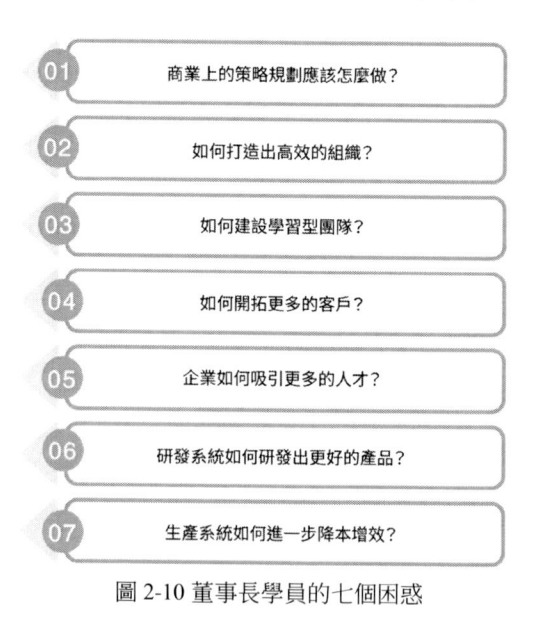

01	商業上的策略規劃應該怎麼做？
02	如何打造出高效的組織？
03	如何建設學習型團隊？
04	如何開拓更多的客戶？
05	企業如何吸引更多的人才？
06	研發系統如何研發出更好的產品？
07	生產系統如何進一步降本增效？

圖 2-10 董事長學員的七個困惑

第三節　解決困惑，持續成長的員工必須突破卡點

第三位學員寫下了他家庭中存在的六個問題，如圖 2-11 所示。

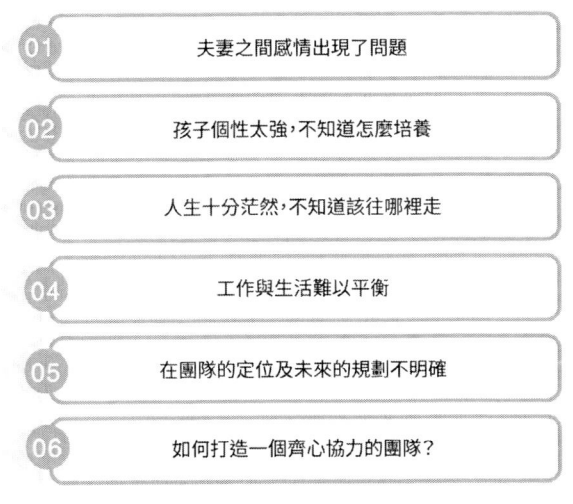

01　夫妻之間感情出現了問題

02　孩子個性太強，不知道怎麼培養

03　人生十分茫然，不知道該往哪裡走

04　工作與生活難以平衡

05　在團隊的定位及未來的規劃不明確

06　如何打造一個齊心協力的團隊？

圖 2-11 第三位學員的六個問題

三位學員要成長，需要先解決他們目前存在的問題。成長的作用就是解決以前無法解決的問題和困惑，就是人們常說的生活和工作中的卡點，這才是真正的成長。所以，成長的突破是輕鬆自若地解決現在無法解決的問題。

當人們把遇到的這些卡點突破了，人們的生命就上到了一個新層次。就像前面講的那樣，人們想看到山谷的風景，就要登上山頂。在登山的過程中，人們需要先解決登山的一些阻力，既要確保登山的裝備，也要有頑強的毅力，解決了這些問題和困難，人們才能一步一步登臨山頂。員工培育也是同樣的道理，只有把當下的困難和阻礙全部解決，才能升級自己的能力，得到成長。

小張成為經理的第一天，他坐在辦公桌前，臉上沒有絲毫的喜悅。

「經理能做什麼？經理應該做什麼？」

從一週前知道自己獲得晉升，他就開始思考這幾個問題，只是到現

第二章　自我提升：企業人才接班計畫的進階通道

在也沒有頭緒，這讓一向以目標為導向、以結果為導向的他有些困惑。

作為業務部的新經理，小張手下的三名員工都是他的老同事：小劉負責市場銷售工作，年輕的小蘇負責客戶服務，小楊則負責技術支援和專案。成為老同事的主管，小張很珍惜大家的同袍情誼，帶著「和團隊賺大錢」的一腔熱血。

這次晉升其實並非偶然，小張前期的努力工作，公司領導者都看在眼裡。

在年底的表揚大會上，公司副總對他提出期望：「相信你在新的一年能帶著團隊實現公司的新目標，我等你的好消息！」想到這裡，小張深吸一口氣打開電腦，開始安排他這幾天的工作。

小張先是為部門制定了一週的工作目標，根據三個下屬的實際情況設置了任務和獎勵機制。同時，他又分析了三個下屬工作中容易遇到的問題，並給出了解決方案。這樣只要下屬遇到問題，他都能隨時給予幫助。接著，他又為自己制定了工作計畫，這週必須完成的事項。除此之外，他結合三個下屬自身的優點和缺點，準備在四人聚會交流時，以輕鬆的聊天方式互相學習和切磋。

如果員工升任主管沒有成長，他就不知道如何開始自己的工作，因為以他現有的生命層次，還停留在做員工時的有限認知裡，他不能理解下屬想什麼，也不知道怎樣為下屬分配任務，下屬遇到了問題找他時，因為他的程度跟下屬一樣在同一個層面，他自然也不知道怎麼解決。他沒有時間管理的觀念，時間總是不夠用；不懂規劃，他沒有辦法實現團隊的目標。他下達的指令下屬聽不明白，因為不能協調團隊的工作，下屬沒有很強的成長欲望，更沒有擔責任的欲望。下屬對他是當面一套背後一套。老員工偷懶，新員工能力又不足，團隊很難形成和諧的氛圍。

以上這種情況，也適用於企業的高層主管、老闆等，如果他們不突破自身的卡點，同樣對工作中出現的各種複雜事情束手無策。要解決上面這些問題，需要在以下幾個關鍵方面突破自身的卡點。

1. 提升專業素養

不斷深化專業知識，時刻關注產業最新動態，精準掌握最新技術與方法，是解決卡點的基礎。透過持續的實踐操作、深刻反思以及歸納，對工作流程與方法加以改良，進而提高工作效率與品質。與此同時，積極參與業界的交流活動和實務專案，能夠有效拓寬專業視野，為累積豐富經驗創造條件。

2. 培養創新思維

突破傳統思維的禁錮，勇敢地探索新的理念與方法至關重要。要鼓勵自己跳出固有思維，提出獨到的見解與創新性的解決方案，培養敏銳的市場洞察力與前瞻性思維，從而更加適應瞬息萬變的市場需求與產業發展趨勢，為突破卡點提供動力泉源。

3. 建構良好人際關係

在日常工作中，注重與同事、上級以及客戶之間的溝通交流，建構良好的人際關係網絡。學會用心傾聽他人的意見與建議，充分尊重團隊成員的個性與差異，全力提高團隊合作的效率與效果。積極參與團隊活動與專案合作，不斷增強團隊的凝聚力與向心力，攜手為實現團隊目標打拚奮進，以此為突破卡點營造和諧氛圍。

4. 強化自我管理與時間管理

　　學會用有系統的方法安排工作與生活，制定明確、合理的工作計畫與目標，實現時間與精力的高效分配，提升工作的專注度與執行力。注重日常生活中的自我激勵與自我約束，持續提高自律能力與增強責任感，確保各項工作任務能夠按時且高品質地完成，為突破卡點奠定堅實基礎。

5. 做好心態調整與情緒管理

　　培養積極向上的心態，樹立正確的工作態度與價值觀。面對工作中的挫折與困難，始終保持樂觀、堅韌的精神品質，不輕言放棄。在生活中，學會有效管理個人情緒，加強與家人和朋友的交流溝通，防止因情緒波動影響人際關係。良好的心態是工作效率與品質的有力保障，平時可透過運動、旅行、向朋友傾訴等合理方式釋放壓力，維持穩定的情緒與良好的心理狀態，為突破卡點提供精神支持。

第四節
心道法相，人才成長的「三種境界」

孔子說，盡人事，聽天命。就是告訴人們，盡職盡責盡力地做好自己分內的事情，至於結果，就順其自然。這裡的「天命」是指自然規律。由於自然界千變萬化，可變的因素實在太多，是個人無法掌控的。既然結果無法預測，那麼就把屬於自己職責內的事情做好即可。

從這個意義上來講，成長不只是學習，也不是一味地灌輸知識，更不是單純地學習理論，而是思維的成長，就是在平時做事情的實踐中解決問題。

也就是說，成長要解決的是上一個層面所有的難題。

解決問題，就必須付諸實際行動，踏踏實實地去做重要的事情，而不是和人爭論解決問題的對錯。就好比有很多學習者，在學習儒、釋、道三大文化時很喜歡在道理上爭論對錯，以為明白了道理，事情就自然解決了，這叫本末倒置。就算你在道理上贏了，但如果你不按照儒、釋、道三大文化所講的去實踐，知道再多的道理也只是紙上談兵。

所以，成長要在「事」上修，而不是在「理」上修。所謂「事」上修，就是要在具體工作中實實在在地去做事。既然做事，自然要與人打交道，世界上最難思索的就是人心，正如心理學家阿德勒（Alfred Adler）曾說：「成熟並不是看懂事情，而是理解人性。」

如果脫離問題的實際，只做理論研究，就像學院派的教授知識多、理論多，把商學的那套規則講得很明白、透澈，但是如果讓他到企業去做管理、做實事，他有可能就無法領悟到管理的精髓。這就需要在「心道法相」上下工夫，如圖 2-12 所示。

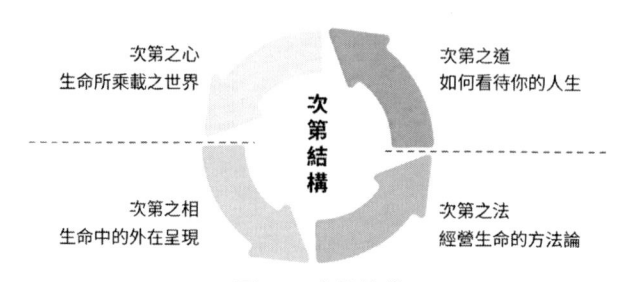

第二章　自我提升：企業人才接班計畫的進階通道

次第之心
生命所乘載之世界

次第之道
如何看待你的人生

次第結構

次第之相
生命中的外在呈現

次第之法
經營生命的方法論

圖 2-12 次第結構

　　心道法相這四個方面就是在「事」上修，是把管理落在具體的事情上，包括個人要做的事、團隊要做的事、企業要做的事等所有的事都要解決。這才是真正的成長！

心

　　心是指內在世界。決定一個人胸懷和格局的就是心，格局和胸懷是由心來決定的。卡爾・榮格（Carl Gustav Jung）曾說：「我們的外部境遇是內心世界的向外投射。」

　　外部世界可以影射內心，也可以從內心影射外部世界，就叫做心有多大，世界就有多大。一個人的層次有多高，要看多少人在他的世界裡，有多少人成為他能影響的人，他能關照多少人。內心是相的顯現，他內在的世界有多大，從他的相上就能看得到。

　　看一個人從心上看，他的內在世界和外在世界是否一致。比如，有的人心裡只裝著自己，他的世界再容不下其他人，其他人跟他沒有任何關係。他的世界只有自己，他只能處理好個人的事情。一旦有人嘗試介入他的生活，他就會想盡一切辦法逃離。

道

　　道是指一個人對生命的理解，世間萬物發展的核心原理叫做道。道是生命的底層邏輯，萬物都有底層邏輯。商業有商業的邏輯，人生有人

生的邏輯，自私的人有自私的一套邏輯，捨得有捨得的邏輯。心的邊界就是道，是一個人的理念，是他在這個世界立足的支撐點。

法

法是指生存法則，包括世間的規則、為人處世的方法和規則。法就是方法論，具體該怎麼做事。比如，團隊中有人不主動溝通，你教給他技巧。我們要想做出改變，就必須在方法論上去改。

相

相是萬物顯現出來的行為狀況。相是具體的工具、流程。一個人與外界相處的行為方式和狀態，就是他顯現出來的相。相也是一個人顯現出來的思想、行為和感情等外在的表現。相是心的顯現，透過觀察一個人的「相」來猜測他的心。孔子說：「視其所以，觀其所由，察其所安。」一個人是否擅長與人打交道，或者聽不懂別人的話，從相上都可以看出來。

相是可以借到的工具。在這個上面是解決不了問題的，因為他不會認為是自己的原因。你教他，他也不會用。比如，我們搞不定客戶，就會認為客戶太刁蠻，要求太高。只好在產品品質、服務態度、交貨日期等方面提升。

但客戶仍然不配合，這個時候我們會覺得，運用任何方法都無濟於事，以為這不是自己的問題和責任，是客戶的問題，是客戶阻礙了我們成長。這就是太多的理由阻礙了自己的發展，其實根源還是在於自己，只有打開你的心的同時也把理念打破，擁有正確的理念，才會有助於我們的成長。

心道法相能幫助我們看清一個人，既可以從心上面去看，也可以從他的道上面去看。他生命的底層的邏輯就是他在世間的規則，他用的方法和規則就是顯現出來的相。我們可以從他顯現的相看到他的內心世界。

第二章　自我提升：企業人才接班計畫的進階通道

　　王雷的同事張祿性格內向，不愛說話，喜歡獨處。工作上的事情，張祿也總是消極應付，他給出的理由是：聽不懂同事說的是什麼。同事的回饋是：聽不懂張祿在說什麼。久而久之，大家就開始冷落張祿。

　　有一次，王雷幫助張祿解決了工作上的一些問題，張祿連聲「謝謝」都沒有。不過，從那以後，只要王雷主動找他說話，張祿就會給予積極配合，只是他還是很少說話，更多的時候是在聽王雷說話。

　　張祿「聽不懂別人說的話，別人也聽不懂他的話」，從這個「相」上面就能看出他生命的層次低，他心裡裝不下第二個人。為什麼他能接受王雷呢？是因為王雷主動找他進行溝通。

　　一個人不打開心門是不主動溝通造成的，沒有溝通，彼此之間的資訊是閉塞的，就會用自己的猜測誤會對方，誤會多了就開始討厭對方，這是一個人的邊界。

　　邊界有時候是有一個明確的理念的，比如：有一個人給你壓力，你不喜歡別人給你壓力，喜歡輕鬆。就是在你的心理面，你很喜歡讓你輕鬆的人，遇到這樣的人，你就會順著對方走。對你提出高要求的人，你就無法接受，因而也就無法跟上高要求人的節奏。你所有心的理念，就是你心的顯現。

　　理念是一個人生命的限制，也是他拒絕打開心門的藉口。在別人看來很可笑，大家認為是你找的推卸責任的理由。所以，理念也是一個人生命的藉口。

　　其實，你心裡裝著對方，就會在意對方。為什麼裝著對方？是因為對方主動和你溝通。為什麼你心裡裝著他？是因為你成長了。喜歡一個人或討厭一個人沒有對錯，都是自己的內心呈現的假象，你的心有多大，你的理念就有多大。所以不要再去討論理念，更多的是解決與人溝通的問題，突破自己的人生邊界。

第四節　心道法相，人才成長的「三種境界」

我們經常說相由心生，就是這個道理。法和相透過學習可以改變，心和道需要自己開悟，開悟是明白事理，即智慧，一個人「心」的格局打開，他的智慧也會上升。大多數企業改變員工一般是用方法，就是教員工如何去溝通，如溝通管理、行銷策略等。但是如果員工不「開悟」，格局就打不開，他是很難成長的。

一個人的心打開了，他會重新定義對生命的理解，他對底層生命的選擇就不一樣了，他為人處世的方法都是要從心上打開。

小蘇是部門主管，他心裡只有本部門的 6 個人。他的心打開後，他生命的邏輯會發生改變，他就會容下更多的人和事。這時他會主動把承擔工作的範圍擴大，他會主動跟其他部門的人溝通，當其他部門的人遇到問題後，他會積極地幫著協調。

同時，他還會思考企業未來的發展，尋找突破企業現有困境的方法，幫助企業開拓市場，為了替企業創造更高的銷量，獲得更高的利潤而獻計出力。如果他的心沒有打開，他就不會花精力為企業開拓市場。

打開自己的心來容下更多的人、更多的生命，容下更多的事，這叫做心。打開了之後再去研究，容下這麼多的生命該怎麼做？如何去經營生命？你會重新定義自己的選擇，這種研究會讓你產生一種責任感。當你願意為更多的人負責時，你就打開了智慧，你的生命就上升了一個維度，這就是「心」不一樣，它的底層邏輯的「道」也不一樣。「我要賦能別人」就是生命的選擇，有這種理念的人在人生中會透過自己的智慧持續地為別人賦能。

企業家 A 是某飲料集團的創始人，他在飲料產業有著廣泛的影響力，他在商業上獲得極大成功的同時，還積極參與社會公益和慈善事業。他正直的品格和務實的經營理念贏得了社會各界的尊敬和讚譽，特別是他對待員工的態度：不會開除員工，尤其是 45 歲的員工。

第二章　自我提升：企業人才接班計畫的進階通道

相比一些企業裁掉 35 歲以上的員工，企業家 A 更主張給予人到中年的員工更多的機會和發展空間，他這種做法被認為是關心員工福祉、注重企業社會責任的表現。他認為，企業應該為員工創造穩定的工作環境和職業發展機會，而不是僅僅追求短期的經濟利益。

企業家 A 的用人觀點，一方面展現了他作為企業家的社會責任感和人文關懷，另一方面則是因為他生命層次上升到了很高的維度，才讓他格局大，境界高。所以，老闆要學會不斷地成長升級。將人生當成版本更新的人，生命中沒有理念，只有結果。打破自己的理念，你才會上一個層次。無論是對待生活還是工作，不要強調理念，要看結果。只有更新，才有翻倍的結果，再上升就是 10 倍的結果，再更上升就是 30 倍的結果，再繼續上升就是 100 倍的結果。你有沒有成長要看結果而不是看理念，這叫做心道法相。心有多大，理念就有多大。

在一個企業中，領導者的境界決定著員工的未來和企業的發展，一般來說，企業領導者有三種境界，如圖 2-13 所示。

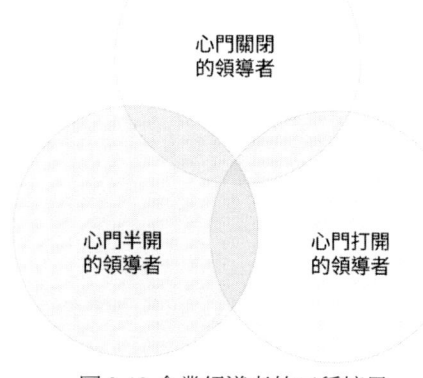

圖 2-13 企業領導者的三種境界

第四節　心道法相，人才成長的「三種境界」

第一種境界：心門關閉的領導者

　　企業領導者的心門不打開，他心裡就只想著賺錢給自己花，有了錢捨不得改善員工的福利，更不會考慮員工的未來發展，他會覺得目標客戶的發展跟我無關。自然因為留不住人、客戶流失導致企業難以發展，最後落得「財聚人散」，企業面臨倒閉或破產。

第二種境界：心門半開的領導者

　　有的企業領導者想著賺錢，但他賺錢是為了向更多的人分錢，讓追隨他的人受益。他們想的是「種善因結善果」，他在工作中會不斷地賦能客戶、帶動客戶一起發展，給客戶「恩情」在他們看來是舉手之勞。

第三種境界：心門打開的領導者

　　心門打開是一個人改變的開端，他眼前的世界會變得無限開闊。這是有著崇高品德的企業領導者，他辛苦創業不是為了賺錢自己花，而是為了讓跟著他的人命運發生改變，為整個社會作貢獻。他不但會幫助追隨他的人做人生規劃，還會為普羅大眾謀幸福。他會描繪社會環境未來發展的藍圖，這是領導者對生命的選擇。

第二章　自我提升：企業人才接班計畫的進階通道

第三章
責任勝任力模型：
企業人才發展九大層級

第三章　責任勝任力模型：企業人才發展九大層級

第一節
真擔責與假擔責：責任勝任力模型

在當今高度資訊化的社會背景下，數位化轉型已經成為企業生存和發展的關鍵因素。它不僅可以提升企業的競爭力，對企業發展也發揮著至關重要的作用。數位化轉型是一項複雜的任務，需要有一群高素養的數位化人才團隊來支持和推動。透過人才培育計畫，企業可以系統性地培養和儲備各類人才，能保證每個關鍵職位做到及時補充和接替。

人才培育計畫系統由外部人才培育鏈與內部人才培育鏈構成，如圖3-1 所示。

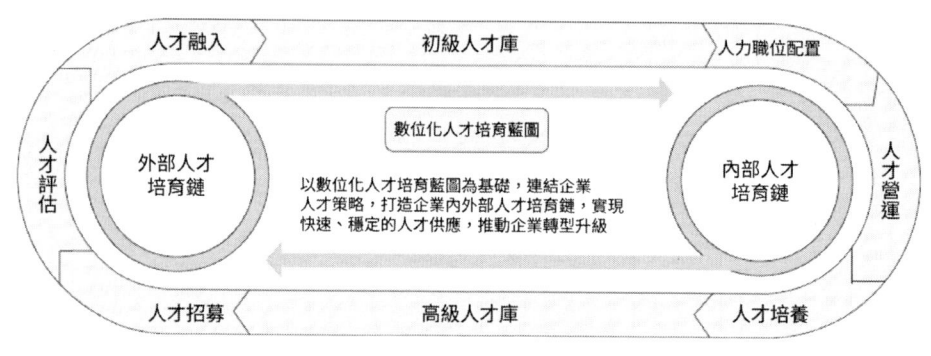

圖 3-1 企業的人才培育計畫系統

1. 外部人才培育鏈

外部人才培育鏈是由人才招募、人才評估、人才融入三個環節構成的，形成初級人才庫。

2. 內部人才培育鏈

內部人才培育鏈包括人力職位配置、人才營運、人才培養三個環節，最終形成高級人才庫。

人才培育計畫這兩大系統最困難之處在於人才的衡量標準。如果沒有統一的人才衡量標準，人才培育計畫系統的六大環節就沒有相應的尺度，無法做出精準的人才養成。

一般情況下，企業人才衡量的標準有三種類型，如圖 3-2 所示。

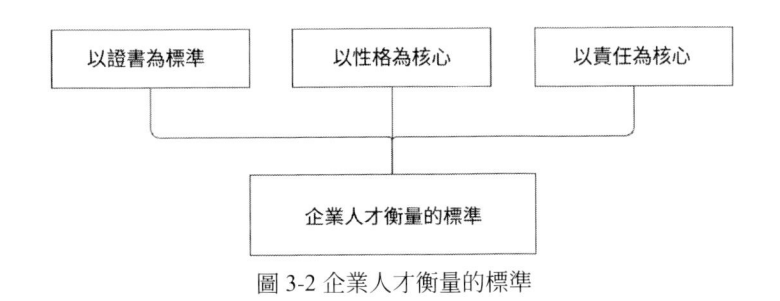

圖 3-2 企業人才衡量的標準

(1) 第一種類型：以證書為標準

企業人才培養以證書為首要選人標準，證書是對員工能力的一種側面的評估，這種評估存在的差異是非常大的。比如，兩個人透過考試取得同樣的資格證，但是他們兩個人的實際程度卻有著天壤之別。所以，以證書作為人才培養的一個參考條件是可以的，但是人才培養如果以證書作為衡量條件時就會出現很大的偏差。

(2) 第二種類型：以性格為核心

企業常用的選人標準還有一種，就是以性格為核心。性格模型包括四型性格、九型性格和十六型性格。這些性格模型主要是根據一個人不

同的性格特質,來分析他們適合在什麼職位。用性格選人,能幫助我們大概了解員工適合做什麼工作,但是如果以此為判斷員工能力的主要標準,就會出現很大的問題。

企業是按照不同職位等級劃分的,對人才的要求要給予綜合的評估。而這些性格模型對職位層級很難做到精準對應。

那麼,我們怎樣才能解決這個問題呢?如何才能精準地辨識企業各層級的員工性格呢?

很簡單,就是用數位化的方式評估人才,這是解決人力資源發展的重中之重,是關鍵之中的關鍵。用數位化的方式衡量人、判斷人如同人們用尺來量體裁衣一樣,能精確到公尺和公分。

(3) 第三種類型:以責任為核心

早在 1970 年代早期,美國著名心理學家麥克利蘭(David McClelland)首次提出勝任力模型的概念,經過長期對勝任力模型的細化和深化應用,最終演化成「冰山模型」。「冰山模型」為人們提供了一種理解個體能力和特質的架構:冰山露出水面的部分——知識、技能,對工作行為直接產生影響;而根本上影響工作行為的是冰山隱藏在水面以下的部分——性格、智商、情商以及動機等。「冰山模型」有助於人們更深入地洞察人的行為和表現背後的因素,但是經過 30 多年第一線的探索和實踐,我發現從根本上影響工作行為的因素除了智商、情商、動機等之外,更核心、更本質的因素是人的責任勝任力。

責任勝任力是指企業管理者和員工實際能夠承載的責任半徑。這個半徑,不僅衡量了一個人在企業中的位置和角色,更反映了他所具備的智慧和格局。一個人的責任半徑越大,他實際能夠承載的責任和願景就越高,他的視野就越開闊,他的決策就越有遠見。這樣的個體,往往能

夠站在更高的角度審視問題，以更寬廣的胸懷、以更堅定的步伐，接納和迎接未來。

我們把人的責任半徑大致劃分為九個等級，每個等級代表他在企業發展過程中實際能夠承載的責任和願景的等級和範圍，分別是個人型責任勝任力、追隨型責任勝任力、部門型責任勝任力、經營型責任勝任力、平臺型責任勝任力、產業型責任勝任力、行業型責任勝任力、社會型責任勝任力、全球型責任勝任力。

第一等級：個人型責任勝任力，是指他只關注個人的需求，為自己的行為負責，這是最基礎的責任勝任力。

第二等級：追隨型責任勝任力，是指他追隨一位欽佩、欣賞甚至崇拜的領導者，聽從他的指示，堅定踐行他的意志，積極貢獻自己的力量。

第三等級：部門型責任勝任力，是指他的責任半徑能夠承載起管理一個部門的工作，具備協調和管理團隊的能力，推動部門目標的實現。

第四等級：經營型責任勝任力，是指他的責任半徑能夠承載企業的日常經營管理工作，具備將策略執行落實的綜合能力，確保企業的穩健發展。

第五等級：平臺型責任勝任力，是指他的責任半徑能夠承載一個或多個平臺的營運和管理，具備整合資源、創新業務的能力，推動平臺的快速發展。

第六等級：產業型責任勝任力，是指他的責任半徑能夠承載一個產業的布局和發展，具備洞察產業趨勢、制定產業策略的能力，推動產業的升級和轉型。

第七等級：行業型責任勝任力，是指他的責任半徑能夠承載和影響整個行業的發展方向和競爭格局，具備引領行業變革、制定行業標準的能力。

第八等級：社會型責任勝任力，是指他的責任半徑能夠承載社會責任，關注社會福祉，透過企業行為推動社會的進步和發展。

第九等級：全球型責任勝任力，是指他的責任半徑能夠站在全球視野下思考企業和社會的發展問題，具備跨國經營、國際合作的能力，推動全球經濟的繁榮和穩定。

責任勝任力有真擔責和假擔責，如圖 3-3 所示。

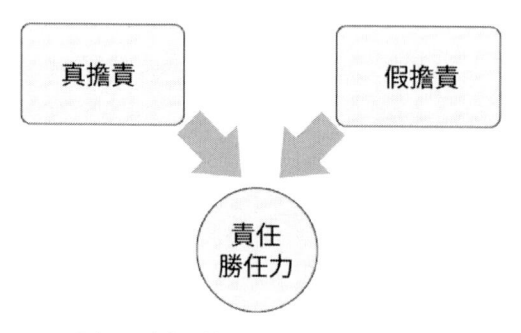

圖 3-3 責任勝任力有真擔責和假擔責

1. 真擔責：活在真實世界的現實主義者

真擔責的人言行是合一的，他想做的和能做的是一致的。他心中有現實感，對世事和人心有清楚的認知。他知道自己的長處和短處，對領導者的評價很客觀。

2. 假擔責：活在虛幻世界的理想主義者

假擔責的人想的和能做的事是不一致的，他想做的、他以為能做的與他真正能做的之間存在龐大差異。他心中沒有真相的概念，認為世界就是他想像中的樣子。本性假擔責的人對現實沒有感覺，他是一個把現

第一節　真擔責與假擔責：責任勝任力模型

實世界理想化的人，在他心裡，有一個理想的世界。假我的人對自己的判斷也存在錯誤，他眼中的自己也是理想化的自己，在與外界相處時，對別人也是理想化的要求。他有自己的一套為人處世的邏輯，但卻是與現實脫節的。比如，他會把公司的領導者變成他想像中的人，如果領導者不是他想像中的樣子，他就覺得領導者是「壞人」。

假擔責的人總是跟別人有衝突，矛盾重重，就是因為他總是用自己的那一套理想化的標準要求別人。在外人看來就是在故意挑別人的毛病，實際上是他失去了現實感。

假擔責的人不能客觀地看待自己，無法正視自己的優點和缺點，不能根據世界的回饋修正自己。長此以往，會讓他們待在自己虛擬的世界裡停滯不前，他的人生注定就是一場悲劇。

如果一個企業的員工失去了現實感，他在工作中的表現就是不用結果反映真實能力水準。他把工作理想化，但因為能力達不到，他會為塑造理想的自己找各種藉口，把責任推給他人。所以，假擔責的人是公司中做事最少、抱怨最多、能力最差，但又善於「偽裝」的人。

冰山理論指出，一個人的「自我」恰似一座冰山，我們所能看到的只是表層極少的部分——行為，而更為龐大的內在世界則隱匿於更深的層次。他憑藉冰山這一隱喻，對人們不同層次的自我需求加以探索，倡導人們針對自身的體驗程度展開工作。他激勵人們在生活抑或工作中，將注意力聚焦於自身的內在過程，把自我覺察轉變為潛藏的觀點、信念、感受以及期待，使負面情緒轉化為正面能量。當人們經由滿足自身不同層次的需求之後，便能持續提升自我，發掘出自身潛藏的強大能量。

冰山理論在管理學領域多應用於企業管理之中，企業彷彿一座「冰山」，隱藏於水下的部分遠比可見部分更為關鍵。企業若想實現快速發

展，就必須激發員工的熱情與活力，建構一個具備凝聚力和潛力的人才團隊。透過依據結果來界定職位，能夠鞭策各層級的管理者不斷提升能力以勝任職位，從而應對外部環境的變化。

相較之下，東方佛教的修行層次理論則是從人的本質層次進行闡述，即從人性的角度出發。透過激發人性的本質層次，達成人的本質與職位需求的一致性。

在實際運用當中，西方偏重的多為職位理論。我在從事人力資源、企業管理培訓的實務歷程中發現，每個人潛力的發揮，大多是層級遞進式地迸發，這需要在每個階段提供輔助工具予以激勵。歷經多年的研究與運用，我逐步提煉出企業管理者的職位層級，並依據各層級管理者的特性建構了這套用人系統，在為企業提供輔導時獲取了極佳的成效。

在30多年的人才培訓實務中，我不斷歸納經驗，逐步將這套用人系統加以完善。當下，我輔導過的企業給出的回饋和評價都很好。接下來，我將對這套用人系統予以詳盡地介紹。

「境由心造」，世間萬物皆源自你的內心，一個人的世界之廣闊程度，取決於其內心的寬廣程度。我依據每個人的不同層次，羅列了擔責九層級勝任力，這九大責任勝任力所代表的心、道、法、相全然不同。責任勝任力是根據每個人的責任擔當和職位勝任力區分的，每一個層級猶如一個人的階段潛力，經過學習提升後能夠逐步上升。下面，我先就九層級責任勝任力的概念與含義來做一個簡要的介紹，如圖3-4所示。

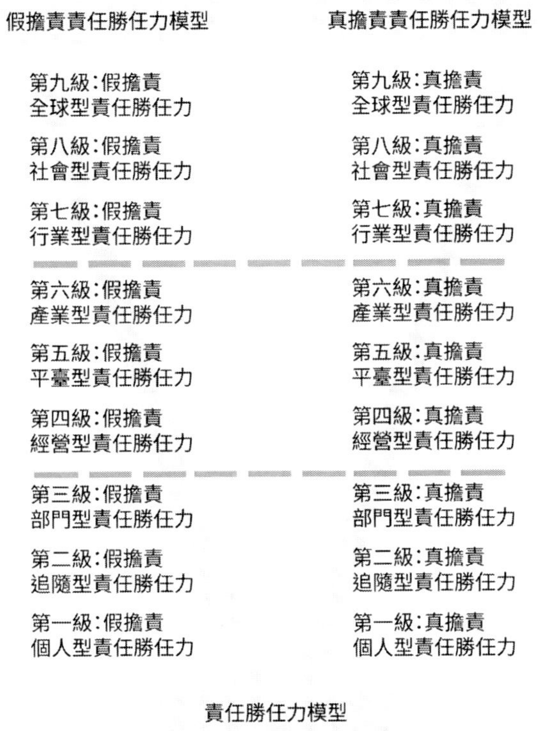

第一節　真擔責與假擔責：責任勝任力模型

假擔責責任勝任力模型	真擔責責任勝任力模型
第九級:假擔責 全球型責任勝任力	第九級:真擔責 全球型責任勝任力
第八級:假擔責 社會型責任勝任力	第八級:真擔責 社會型責任勝任力
第七級:假擔責 行業型責任勝任力	第七級:真擔責 行業型責任勝任力
第六級:假擔責 產業型責任勝任力	第六級:真擔責 產業型責任勝任力
第五級:假擔責 平臺型責任勝任力	第五級:真擔責 平臺型責任勝任力
第四級:假擔責 經營型責任勝任力	第四級:真擔責 經營型責任勝任力
第三級:假擔責 部門型責任勝任力	第三級:真擔責 部門型責任勝任力
第二級:假擔責 追隨型責任勝任力	第二級:真擔責 追隨型責任勝任力
第一級:假擔責 個人型責任勝任力	第一級:真擔責 個人型責任勝任力

責任勝任力模型

圖 3-4 責任勝任力模型

真擔責責任勝任力模型：第一級是真擔責個人型責任勝任力，第二級是真擔責追隨型責任勝任力，第三級是真擔責部門型責任勝任力，第四級是真擔責經營型責任勝任力，第五級是真擔責平臺型責任勝任力，第六級是真擔責產業型責任勝任力，第七級是真擔責行業型責任勝任力，第八級是真擔責社會型責任勝任力，第九級是真擔責全球型責任勝任力。

假擔責責任勝任力模型：第一級是假擔責個人型責任勝任力，第二級是假擔責追隨型責任勝任力，第三級是假擔責部門型責任勝任力，第四級是假擔責經營型責任勝任力，第五級是假擔責平臺型責任勝任力，第六級是假擔責產業型責任勝任力，第七級是假擔責行業型責任勝任力，第八級是假擔責社會型責任勝任力，第九級是假擔責全球型責任勝任力。

第二節
第一級個人型責任勝任力：關注自我需求

個人型責任勝任力，是指他只關注個人的需求，為自己的行為負責，這是最基礎的責任勝任力。個人型責任勝任力分為真擔責個人型責任勝任力與假擔責個人型責任勝任力。其中，真擔責個人型責任勝任力指的是個體與生俱來、較為本真的層次狀態；而假擔責個人型責任勝任力可能受到外界因素影響或因自身的某些認知偏差，導致呈現的是一種並非完全真實或本質的層次狀態，這兩者之間的差異如圖3-5所示。

真擔責個人型責任勝任力：自在　　　**假擔責個人型責任勝任力：信賴**

心：自己　　　　　　　　　　　　　　　心：自認為的自己
道：追求自由自在，個性需求　　　　　　道：自認為的自由自在，個性需求

法：極致簡單生活，　　　　　　　　　　法：極致簡單生活，
　　以交換方式達成目標　　　　　　　　　　以預設交換方式達成目標
相：待在無人干擾的安全自在地方　　　　相：強求外界不要干擾的自在地方

責任勝任力結構＝心＋道＋法＋相

圖3-5 真擔責個人型責任勝任力與假擔責個人型責任勝任力的結構圖

1. 真擔責個人型責任勝任力：心裡只有自己

真擔責個人型責任勝任力的人心裡面只有自己，這樣的人很自我，心胸狹隘，目光比較短淺，但算不上自私，只是心眼比較小，小到他的心裡只能裝得下自己。在他們心裡，哪怕是對自己的孩子或是父母，也無法做到負責。因為他心裡只有自己，沒有別人。

對於真擔責個人型責任勝任力的人來說，任何人都進入不了他的世

第二節　第一級個人型責任勝任力：關注自我需求

界，更無法理解他生命的邏輯。他們普遍表現出自閉狀態，只活在自己的世界裡。

真擔責個人型責任勝任力的人的理念是：「我憑什麼為別人負責，我連我自己都管不過來。我就是整個世界，這個世界只有我。」他的個性需求就是過於自我。他不喜歡跟任何人發生連結，因為與人發生連結是要對別人負責任。他們的理念是盡量不和人打交道，就想活在自己的世界：「你們不要干擾我，我也不干擾你們，我們各自安好，你們過你們的，我過我的。」除此之外，任何人都無法介入他的生活。

真擔責個人型責任勝任力的人的方法論是過最簡單的生活，對人生沒有規劃，對事業沒有追求，這種無欲無求的生活狀態更接近於動物，就是單純地活著。外界任何人與己無關，永遠只在乎自己。

（1）真擔責個人型責任勝任力的人的心道法相

真擔責個人型責任勝任力的人的「心」：他們的「心」裡只有自己，也只能裝得下自己。因為不與人交流，他們不能理解別人的所思所想，別人也難以理解他們的所思所想。

真擔責個人型責任勝任力的人的「道」：他們的「道」是只想自己獨自生存，盡量不與人發生互動，選擇去人少的地方來避免與人有生活的交集。

他找到自己生存的世界，一輩子不會改變。

真擔責個人型責任勝任力的人的「法」：他們的「法」是用自己的勞動力交換自己的需求，與人保持的距離越遠越好，他們尋找食物的方式也是在不與人打交道的情況下。

真擔責個人型責任勝任力的人的「相」：在他們的世界裡沒有一般人的人生的追求，沒有世界規則，完全活在自己的世界裡。他們明白，雖然活在自己的世界裡，只愛自己，但是要避免跟外界發生更多的互動。

一旦外界打擾他們的生活，他們就會選擇離開，換到另一個不被打擾的地方，所以真擔責個人型責任勝任力的狀態叫做自在。

真擔責個人型責任勝任力的人只為自己的生命負責，這個公園不讓他待，他就跑到下一個公園，這張椅子不讓他坐，他就找另一張椅子坐。他們活在自己的系統裡，這個系統裡只有他一個人。

(2) 真擔責個人型責任勝任力的人的生存方式

因為真擔責個人型責任勝任力的人不會也不想與人有任何交流，所以他們大部分是街友（職業游牧和家庭富裕的人除外），沒有物欲需求，僅滿足活著即可，就是本能地生存。他們維持生計的「工作」就是撿廢品換錢，或者到垃圾箱裡找剩飯剩菜。

真擔責個人型責任勝任力的人不喜歡社交，拒絕與人打交道，尤其厭惡與人合作做事，自然沒有社會價值，沒有社會價值就無法把自己的「價值」變現。他們沒有固定的居所，大橋下、公園邊、廢棄的房舍裡等，過著「天作被，地當床」的漂泊生活。

真擔責個人型責任勝任力的人思想冥頑不化，難以跟人進行正常的溝通和交流，他們不洗澡，怎麼勸都堅決不洗。送他們去收容站，他們無法忍受「睡覺按時關燈、每天按時盥洗、按時吃飯」的規則。在他們的意識裡就是，「我有自己的一套規則，我不接受社會的規則」。他們不接受任何規則，思想沒有邏輯性，非常排斥跟陌生人說話。

(3) 真擔責個人型責任勝任力的人的工作狀態

真擔責個人型責任勝任力的人幾乎是進入不了企業工作的，即使僥倖進入企業也會很快離開，除非透過升級成長到追隨型責任勝任力。

第二節　第一級個人型責任勝任力：關注自我需求

我有一個學員的兒子，其責任半徑只具備個人型責任勝任力，他的兒子 30 多歲了仍然無法適應社會生活。他曾經託朋友幫助他兒子找過幾份工作，他兒子上班不到兩天就會和同事起衝突打架，或者是受不了上班打卡的約束而離職。

因為從 20 多歲開始，他的兒子就不再就業，每天宅在家裡什麼也不做，連跟父母都沒有交流。後來他帶著兒子找到我，我幫他的兒子做了一個「責任勝任力」的規劃，經過 3 年時間，他的兒子已經具備了部門型責任勝任力，現在已經融入職場工作了。

真擔責個人型責任勝任力的人類似於自閉症，他們完全活在自己的世界裡，跟外界完全不連繫。他們的心裡只能容納下自己一個人，他們一生中全部的世界只有自己。

真擔責個人型責任勝任力的人屬於本能生活，沒有物欲，如圖 3-6 所示。

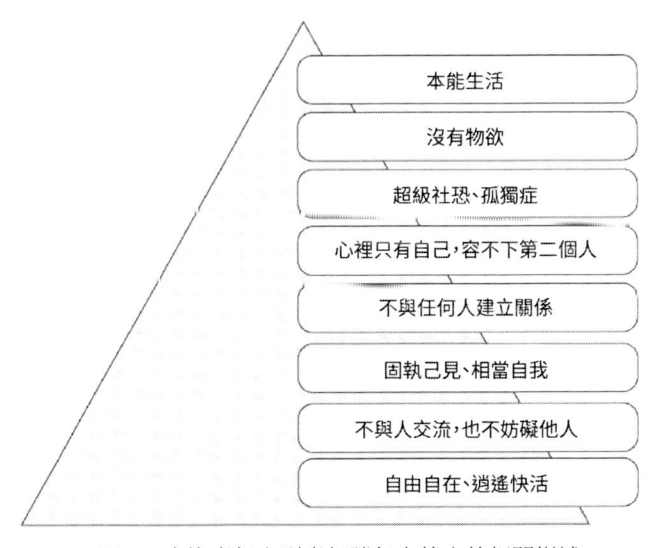

圖 3-6 真擔責個人型責任勝任力的人的相關描述

（金字塔由上至下）
- 本能生活
- 沒有物欲
- 超級社恐、孤獨症
- 心裡只有自己，容不下第二個人
- 不與任何人建立關係
- 固執己見、相當自我
- 不與人交流，也不妨礙他人
- 自由自在、逍遙快活

2. 假擔責個人型責任勝任力人的心道法相

假擔責個人型責任勝任力的人的「心」：他們的「心」是假心，他們假想出來的自己與真實的自己判若兩人。他們只愛假的自己，活在自己理想化的世界裡。

假擔責個人型責任勝任力的人的「道」：他們的「道」是假道，他們的「自由自在」是建立在干涉別人的基礎上。他們干涉別人在他們看來是應該的，但別人不能干擾到他們。

假擔責個人型責任勝任力的人的「法」：他們的「法」是極致簡單的生活，這種簡單是他們自己定位的，沒有是非觀念，自己錯了也要堅持是對的。不管社會規則是什麼，只要他們認為有人干擾到他們了，那一定是別人的錯。

假擔責個人型責任勝任力的人的「相」：他們的「相」是攻擊，他們要求世界為他們讓路，世界為他們改變。一旦他們認為受外界干擾了，他們會瘋狂地發起攻擊，任何形式的溝通也沒有用。比如，他們住在銀行自動櫃員機旁邊，他們就認為那是自己的地方，「你取你的錢，我安心地住在這裡」。銀行要他們離開，他們仍然會回來。

第三節
第二級追隨型責任勝任力：踐行領導者的意志

追隨型責任勝任力，是指他追隨一位欽佩、欣賞甚至崇拜的領導者，聽從他的指示，堅定踐行他的意志，積極貢獻自己的力量。追隨型責任勝任力分為真擔責追隨型責任勝任力與假擔責追隨型責任勝任力，如圖 3-7 所示。

真擔責追隨型責任勝任力：追隨
- 心：自己＋貴人
- 道：尋求依靠，優先考慮對方需求
- 法：贏得貴人信任，雙向合同
- 相：雙方達成以追隨者為核心的彼此依存關係

假擔責追隨型責任勝任力：付出
- 心：自認為的自己＋貴人
- 道：自認為的雙方需求，優先考慮自認的對方需求
- 法：強求貴人信任，單向合同
- 相：強求雙方達成我認為的彼此依存關係

責任勝任力結構＝心＋道＋法＋相

圖 3-7 真擔責追隨型責任勝任力與假擔責追隨型責任勝任力的結構圖

1. 真擔責追隨型責任勝任力的人的特徵

真擔責追隨型責任勝任力的人的特徵是追隨。他們的心裡只裝著兩個人，他們的世界也只能容納兩個人。這兩個人一個是他自己，另一個是他認為的能幫助他的「貴人」。他們窮極一生都要去尋找一個能保護他、指引他的「貴人」。他會特別忠誠。不像個人型責任勝任力的人不思考，是本能生存。真擔責追隨型責任勝任力的人雖然不思考、沒有主見，但他知道需要找一個人保護自己。所以，他要找到一位有責心、有擔當，以及他崇拜的類似於偶像式的人，他稱之為「貴人」，這樣他會事事聽命於對方。

真擔責追隨型責任勝任力的人會憑直覺去找那個對自己負責任、值得自己依靠的人忠於他。他只關心二人世界，不分對錯地聽從對方的指令。沒有對方的指令，房子燒了與他無關，油瓶倒了也不扶，這類人是典型的忠心耿耿的追隨型的人。

　　真擔責追隨型責任勝任力的人看不到兩個人世界以外的風景。在真擔責追隨型責任勝任力的人心裡，永遠只裝得下一個「貴人」，這個人可能是他們部門的主管，也可能是部門主管的上級，也可能是公司老闆，也可能是他的伴侶，或者其他親戚等。他最喜歡的是只有兩個人的世界。

　　真擔責追隨型責任勝任力的人不管是男性還是女性，他們結婚後會主動選擇為家庭犧牲事業，因為他們心裡不想也沒有能力容下二人以外的其他人。除非他們視為「貴人」的對象向他們下達指令，為了讓家裡過得好而要求他們上班，或者到外面做事情，他們就會去做。他們也不會跟人有深入往來，這就是真擔責追隨型責任勝任力的人的特點，他們只喜歡和他們的「貴人」過二人世界。

　　真擔責追隨型責任勝任力的人對「貴人」會有這種要求：「如果我追隨你了，我聽從你的指令了，你有沒有考慮到我的需求？如果你能考慮到我的需求，同時要給予我相應的保護和規劃的人生，我就會持續地追隨你。」

　　真擔責追隨型責任勝任力的人沒有太高的追求，只要「貴人」給他們安全感，告訴他們怎麼做，人生路要怎麼走，他們就會一直跟隨「貴人」。他們對物質沒有太多的需求，凡事都一心一意地按照「貴人」的指令去做。但是，如果「貴人」給不了他們想要的幫助，真擔責追隨型責任勝任力的人意識到這一點後就會離開。他們不會跟「貴人」糾纏不清，而是毫不猶豫地選擇離開「貴人」，去尋找新的追隨者。

　　真擔責追隨型責任勝任力的人的心道法相、在企業的表現和工作狀態有以下特點。

第三節　第二級追隨型責任勝任力：踐行領導者的意志

(1) 真擔責追隨型責任勝任力的人的心道法相

真擔責追隨型責任勝任力的人的「心」：他們的「心」裡只能裝得下他們和他們的「貴人」，他們只有愛自己和「貴人」的能力。

真擔責追隨型責任勝任力的人的「道」：他們的「道」就是找到「貴人」尋求依靠，得到「貴人」的保護和支持。他們會全部考慮「貴人」的需求，一心一意地追隨並忠於「貴人」。

真擔責追隨型責任勝任力的人的「法」：他們習慣於接受「貴人」的各種行為指令去做事情，全力配合「貴人」，嚴格按照「貴人」的要求認真做事情，從而能得到「貴人」的信任，這就是他們做事情的模式。

真擔責追隨型責任勝任力的人的「相」：他們是沒有思考能力的人，他們從來不會主動去思考，但是他們有接收行為指令的能力，只要他們的「貴人」告訴他們這件事情怎麼做，他們會無條件地服從，並且會按照「貴人」交代的步驟去做。

真擔責追隨型責任勝任力的人如果發現「貴人」無法為自己帶來安全感，他們會選擇安靜地離開，去找有擔當的「貴人」。

(2) 真擔責追隨型責任勝任力的人在企業中的表現

真擔責追隨型責任勝任力的人沒有思考能力，但是能聽懂「貴人」的行為指令。真擔責追隨型責任勝任力的人會不斷地收集「貴人」的行為指令，他們相信「貴人」的每一個行為指令，「貴人」要他們做什麼，他們都會全力去配合。他們自己不思考，也不會主動地向別人提建議，或者幫助他人做事情，他們只會聽從「貴人」的行為指令。

在企業中，很多企業老闆在與真擔責追隨型責任勝任力的人互動時，因為是真擔責追隨型責任勝任力的「貴人」，真擔責追隨型責任勝任

力的人以「只忠誠於老闆一個人」來感動老闆，作為他們「貴人」的老闆會覺得他們極度忠誠和敬業。

真擔責追隨型責任勝任力的人也願意跟其他人打交道。前提必須是他們的「貴人」下達的行為指令，告訴他們如何做這件事情，他們才會為了做事情跟他人打交道。無論他們和多少人打交道，他們心裡都不會在乎對方。在他們看來，他們只是在履行自己追隨的「貴人」下的行為指令。

真擔責追隨型責任勝任力的人經常會說：「我不知道怎麼辦，我不知道該怎麼解決。」他們說的是真心話，就是他們需要貴人明確的指令，比如，在工作中，領導者如果讓他們做一個專案，就需要詳細地告訴他們怎麼去做。

(3) 真擔責追隨型責任勝任力的人的工作狀態

真擔責追隨型責任勝任力的人沒有思考能力，不會處理問題，聽不懂流程，只能詳細地教給他們事情該如何去做，比較重行為。真擔責追隨型責任勝任力的人是不接受別人的行為指令的，他們只接受「貴人」的行為指令，但如果不是特別重要的行為指令，過一段時間就會遺忘。

對於真擔責追隨型責任勝任力的員工，領導者要不斷地向他們下達行為指令，比如，要他們今天必須做完多少件事情、打多少通電話等。他們不會對別人的反應做出任何調整，只會對「貴人」的行為指令做出反應，而且要不停地對他們下達行為指令。他們不會隨機應變，對行為標準不做調整。他們在工作中不會做統籌的事情，只按照流程來辦。他們不是故意這麼做的，因為他們不會根據實際情況靈活處理事情，只能做一件事情。沒有應變和邏輯能力，只適合做簡單的事情。

「你告訴我怎麼做，我就怎麼做，我不想動腦子。」這是真擔責追隨型責任勝任力員工的工作方式，他們沒有邏輯思考能力，沒有解決問題的能

第三節　第二級追隨型責任勝任力：踐行領導者的意志

力，只能和人進行單線連繫，只能和一個人打交道；不能處理不同意見，不能解決任何問題，也就是說，只和單個人對接，讓他們開部門會議，面對的人多了，他們就無法執行。他們比較適合從事工廠生產線的工作。

真擔責追隨型責任勝任力的人的相關描述如圖 3-8 所示。

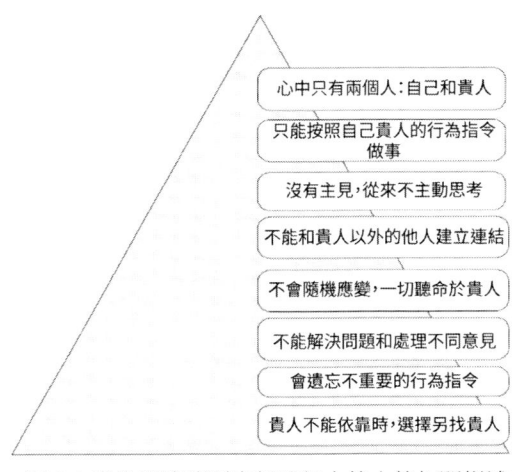

```
          心中只有兩個人：自己和貴人
        只能按照自己貴人的行為指令做事
          沒有主見，從來不主動思考
        不能和貴人以外的他人建立連結
        不會隨機應變，一切聽命於貴人
        不能解決問題和處理不同意見
          會遺忘不重要的行為指令
        貴人不能依靠時，選擇另找貴人
```

圖 3-8 真擔責追隨型責任勝任力的人的相關描述

2. 假擔責追隨型責任勝任力的人的特徵

假擔責追隨型責任勝任力的人的特徵是依賴。他們心中也是只能裝兩個人，他們的世界也是只有他們和他們假想出來的「貴人」。但是假擔責追隨型責任勝任力的人是不會認真體會對方的所思所想，對方真正需要什麼的。

他們只在乎自己的感受，更多的是把自己認為最好的東西給「貴人」，也不管「貴人」是否喜歡。他們恨不得把「心」掏出來給「貴人」，但他們這種貌似慷慨的「給予」是標好了價格的，他們認為：「我給了你這麼好的東西，你就得為我的一生負責任，如果你承擔的責任沒有達到我的要求，那就是你的錯。」

089

第三章　責任勝任力模型：企業人才發展九大層級

「貴人」一旦沒有滿足他們心中的標準，他們就會歇斯底里地去討伐，威脅的手段層出不窮，他們會為了對方付出生命，或者同歸於盡，要對方繼續為他們負責。

假擔責追隨型責任勝任力的人為愛瘋狂，他們希望把對方改造成他們心中想像的理想依賴的「貴人」，滿足他們想要的一切。這種依賴是強制性的。

以下是假擔責追隨型責任勝任力的人的特徵，包括心道法相、在企業的表現。

(1) 假擔責追隨型責任勝任力的人的心道法相

假擔責追隨型責任勝任力的人的「心」：他們的「心」中只有他們和他們的「貴人」，他們的世界也只裝得下他們和「貴人」兩個人。而且「貴人」和他們自己，也都是他們假想出來的自己和自己的「貴人」。

假擔責追隨型責任勝任力的人的「道」：他們的「道」就是用假的自己的需求，去依賴假我的人認為的「貴人」的需求。不管是自己的需求，還是他們「貴人」的需求，都是他們自己想像出來的，但他們會著重於考慮他們「貴人」的需求，並且不遺餘力地去完成。

假擔責追隨型責任勝任力的人的「法」：他們的「法」就是強求他們的「貴人」信任自己，不去管「貴人」的真實想法。對於「貴人」的指令，他們會按照自己的理解去做。

假擔責追隨型責任勝任力的人的「相」：他們的「相」就是偏執。他們會選擇性地調整自己的感受，強求他們的「貴人」以他們的感受為主；他們對「貴人」的行為指令也是選擇性聽從，只聽從他們自己認為對的行為指令；他們在執行「貴人」的行為指令時，也會選擇性改變步驟，強求「貴人」按照他們的理解改變行為指令。

(2) 假擔責追隨型責任勝任力的人在企業中的表現

　　假擔責追隨型責任勝任力的人在企業中的表現很能幹，什麼事情都操心，如果他們把企業裡的老闆當成「貴人」，他們心中就只有老闆一個人，他們會認為公司是他們自己和老闆兩個人的，會拚盡全力地維護公司的利益。在平時工作中還會監督其他員工。但是，由於他們總是用自己認為的要求和標準對待工作，所以，當他們在工作中無法達到自己設定的目標，或者沒有得到自己想要的利益時，他們就會認為是「貴人」的錯，從而把責任推給對方。這時他們會表現得很憤怒，會對「貴人」發出各種聲討、指責、埋怨等，這種狀態會一直持續下去。

　　對於假擔責追隨型責任勝任力的員工，企業管理者可以幫助他們成長。

第四節
第三級部門型責任勝任力：執行部門目標

部門型責任勝任力，是指他的責任半徑能夠承載起管理一個部門的工作，具備協調和管理團隊的能力，推動部門目標的實現。部門型責任勝任力分為真擔責部門型責任勝任力與假擔責部門型責任勝任力，如圖 3-9 所示。

真擔責部門型責任勝任力：能力
心：部門（上級、平級、下級）
道：平衡部門各方需求，了解各方面的能力

假擔責部門型責任勝任力：榜樣
心：自以為的部門（上級、平級、下級）
道：自以為的部門需求

法：淺度思維，分工合作的流程性工作模式事後調整型，條件達成型
相：上級、平級和下級都按照流程做事，形成平衡的責權利狀態

法：根據自訂部門目標設定流程的工作模式
相：強求上級、平級和下級都按照流程做事，導致非平衡的責權利狀態

責任勝任力結構＝心＋道＋法＋相

圖 3-9 真擔責部門型責任勝任力與假擔責部門型責任勝任力的結構圖

1. 真擔責部門型責任勝任力的人的特徵

真擔責部門型責任勝任力的人「心」裡會裝著很多與自己有直接關係的人，他們的世界容納的人必須是跟他們有直接關聯的人。在公司裡，真擔責部門型責任勝任力的人「心」裡會裝著同一個部門的人，他們會愛直屬主管、愛下屬、愛自己的團隊。前提條件一定是同部門的人，他們思考的焦點只考慮自己的部門，骨子裡認為部門就是團隊，所以，他們的心裡裝著部門的上級、平級和下級。

在實際工作中，真擔責部門型責任勝任力的人會以部門為主導的導

第四節　第三級部門型責任勝任力：執行部門目標

向，做任何事情都是本位主義。比如，他如果在業務部，就會認為自己部門付出太多，覺得「錢都是我們賺的，你們其他部門都是花錢的」。如果他在財務部，他會認為自己部門是管錢的，自己的部門在公司做的貢獻最大。

真擔責部門型責任勝任力的人在工作中沒有前瞻性，缺乏對未來趨勢的預測和判斷，他們不會建立商業圈，也不會進入商業圈；他們沒有開拓性，不善於開拓陌生資源；工作中不懂得流程設計，不懂得不同的企業需要採用不同的管理方法，也不懂得不同的人要用不同的溝通方式；不懂得流程的設計原理，只有一套公司提供的方案，對方案能做些改良的工作，能把別人建立好的流程和方法從 6 分改良到 8 分。

真擔責部門型責任勝任力的人沒有成長原則，沒有系統觀念，對改變他人不感興趣，如果讓他們成長，需要經歷困難期。他們在工作中找不到方法、操作工具、資源，不知道成長會有很大的收益。

真擔責部門型責任勝任力的人可以平衡人際關係，他們對工作的管理流程能很好地執行，不會越雷池一步。他們工作時只考慮自己的部門，會要求各個部門配合自己，不能有任何意外。

真擔責部門型責任勝任力的人不能單獨設計工作流程，比如，讓他們負責加工採購原料，他們會提前半年下單。他們對設計公司的系統是極大的破壞，只是在做自己部門的工作時效率才會很高。

下面是真擔責部門型責任勝任力的人的心道法相、在企業中的表現和工作狀態。

(1) 真擔責部門型責任勝任力的人的心道法相

真擔責部門型責任勝任力的人的「心」：他們的心中能裝下一個部門，他們的世界只有他們的部門。他們能與自己的上級、下級、平級溝

通。真擔責部門型責任勝任力的人因為心中裝著部門的人，他們心中希望和上下級、平級之間能協調平衡。但是他們的能力決定他們只會關注自己的部門，其他部門跟他們沒有任何關係。

真擔責部門型責任勝任力的人的「道」：他們的「道」是懂得只有得到直屬主管和下屬的支持，部門才可以經營好。因此，他們會了解主管的需求並全力配合，分擔主管的責任，同時也會了解本部門的需求，與本部門的成員互幫互助，彼此支持。他們對同部門的成員具有深刻洞察，在這個基礎上建立部門內部的合作模式。能平衡部門各方需求，了解各方面的能力。

真擔責部門型責任勝任力的人的「法」：他們的「法」是流程思維，對流程會進行改良，但流程為什麼要這麼設計他們不知道。他們能跟著主管學習，也能學會，但是不要告訴他們為什麼。比如，你告訴他這個專案流程的每個步驟，他們就能照著去做。對部門計畫能做到事後調整，比如，部門本月計畫沒有完成，或者超額完成，他們會針對部門成員的工作表現調整下個月的目標。

真擔責部門型責任勝任力的人的「相」：他們的「相」是部門思維，思想有淺度思維、流程性思維，不懂得流程的設計原理。即別人設計的流程，他們能懂，也能執行流程，也會掌握方法，卻不能設計流程。所以，他們的行為是流程性行為，一切按照別人設計好的工作流程去做。他們會根據部門目標調整心態，但範圍局限於自然環境。

(2) 真擔責部門型責任勝任力的人在企業中的表現

真擔責部門型責任勝任力的人只能負責一個部門，如果讓他們擔任一個部門的主管，他們能把企業部門的事情做得非常好，但他們就無法顧及家裡面的事情了。比如，無法協調好家中的親戚關係。最大的卡點

是無法兼顧事業和家庭，只能負責一個部門的工作。所以，真擔責部門型責任勝任力的人因為能力不夠，無法做好兩個部門的工作。

真擔責部門型責任勝任力的人有悟性，懂得專業學習，但不懂得如何自我成長與轉化。透過學習，他們的能力會得到很大的提升。

(3) 真擔責部門型責任勝任力的人的工作狀態

真擔責部門型責任勝任力的人在工作中偏重於做實事，如果團隊成員不好好做，他們就自己做；他們不喜歡跟人打交道，跟人交流或溝通也只是為了把工作做好；他們的工作注重流程和方法，但都是別人設計好的；他們沒有整合資源的能力，擅長與人協助做事情，但不擅長建立團隊。別人把團隊建立好了，他們會根據建立好的制度和流程用人。

因為真擔責部門型責任勝任力的人無法同時兼顧兩個部門的工作，因為不和其他部門溝通，阻礙了公司各個部門之間的協同交流。當真擔責部門型責任勝任力的人做了部門主管後，他們的焦點會集中在只關注本部門的利益，由於他們解決問題的邏輯只在本部門內部這個範圍，而不是跨部門解決的程度，所以就形成了「部門本位主義」。

真擔責部門型責任勝任力的人對工作是怎麼高效怎麼做，但部門高效並不一定讓工作高效，真正高效的工作需要建立系統，有了系統，部門成員的工作就有了規律。

什麼是規律？用不同的方法和策略叫做規律。規律是通用的，會讓部門成員自動擔負起責任。真擔責部門型責任勝任力的人不掌握規律，典型的對事不對人，事情有流程了，上級來協調，上級做到哪一項了，他們能再繼續做下去。對人沒有感覺，他們能看到每個人的不同之處，但是不能做到理解人與人之間的差異。

第三章 責任勝任力模型：企業人才發展九大層級

真擔責部門型責任勝任力的人有嚴格的流程觀，他們會根據流程把事情安排好，如果沒有流程他就不會解決。公司流程沒有好的體系，他不會主動解決。他們只在自己的部門做改良，在自己的職位做升級。

真擔責部門型責任勝任力的人的相關描述，如圖 3-10 所示。

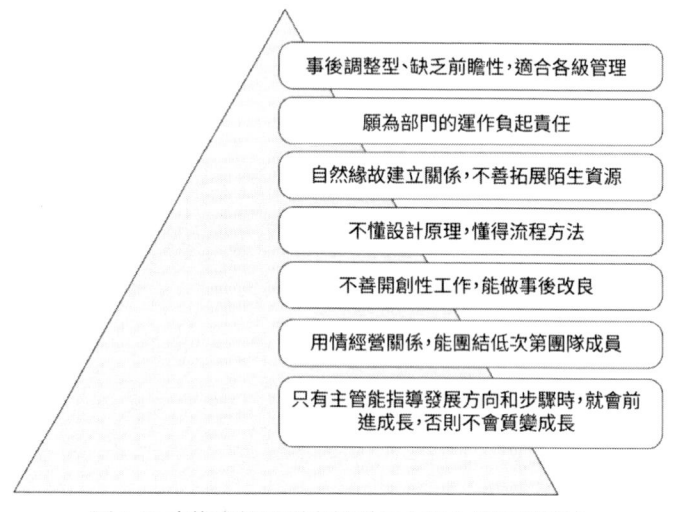

事後調整型、缺乏前瞻性，適合各級管理

願為部門的運作負起責任

自然緣故建立關係，不善拓展陌生資源

不懂設計原理，懂得流程方法

不善開創性工作，能做事後改良

用情經營關係，能團結低次第團隊成員

只有主管能指導發展方向和步驟時，就會前進成長，否則不會質變成長

圖 3-10 真擔責部門型責任勝任力的人的相關描述

2. 假擔責部門型責任勝任力的人的特徵

假擔責部門型責任勝任力的人對人缺乏深刻的理解和洞察，他們總是用理想化的眼光看待別人，他們總是理所當然地認為別人應該怎麼樣，上級應該是怎麼樣的，他們所在的部門同事應該是怎樣的，他們愛的都是理想化的人，從來不會愛上真實的人。

在生活中，假擔責部門型責任勝任力的人會不斷地對周圍的人提要求，在家對父母、伴侶、孩子提要求；在外面對上級提要求，他們希望自己的部門更好而不斷對主管提要求，「主管，你應該這樣做，你應該那樣做」。除了上級主管，他們也會對自己部門或是其他部門的人提要求。

第四節　第三級部門型責任勝任力：執行部門目標

他們所提的要求不是基於真實的人，不是基於對方真實的能力基礎，而是基於自己理想化的人。如果假我的人在領導團隊，他們在支持團隊時，越是使勁，矛盾衝突越大，事情失敗的機率也較大。

下面是假擔責部門型責任勝任力的人的心道法相和工作狀態。

(1) 假擔責部門型責任勝任力的人的心道法相

假擔責部門型責任勝任力的人的「心」：他們「心」裡裝的人很多，包括上級、下級、平級，以及他們所在的整個部門的人，但是這些人都不是真實的人，都是他們在心中理想化了的人。

假擔責部門型責任勝任力的人的「道」：他們的「道」是他們自以為了解公司和部門的所有需求，其實這些需求都是他們在真實的基礎上加以想像後的「需求」。

假擔責部門型責任勝任力的人的「法」：他們的「法」就是自己會為部門制定目標，這個目標是他們在理想化評估部門成員的實際工作能力後定的。

假擔責部門型責任勝任力的人的「相」：他們的「相」就是在工作中透過理想化的感受，選擇性調整心態，比如，他們自己的業績沒有達標，他們有很多理由和藉口，別人沒有達到，他們就會很生氣；在工作過程中出現問題，他們解決不了的，就會選擇不做或者認為是別人沒有配合他們；對於一些他們認為難度係數高的專案，哪怕他們做了二分之二，也要想辦法交給其他人去做。

(2) 假擔責部門型責任勝任力的人的工作狀態

在工作中，假擔責部門型責任勝任力的人容易跟人發生衝突。他們習慣於在想像中工作、跟他人互動，面對工作中出現的實際問題，他們

口號喊得比誰的聲音都大,但是只限於「動口不動手」,不是他們不想做事,而是他們過高評估了自己的能力,對工作力不從心。

無論是假擔責個人型責任勝任力的人、假擔責追隨型責任勝任力的人,還是假擔責部門型責任勝任力的人,他們都活在自己的世界裡,並與環境產生強烈的衝突。他們對客觀世界沒有客觀的評估,而是將自己的世界投射到外部世界。活在自己世界的程度越深,對外部世界的投射就會越大,和外部環境的衝突也就會越大。

第五節
第四級經營型責任勝任力：操盤企業經營

經營型責任勝任力，是指他的責任半徑能夠承載企業的日常經營管理工作，具備將策略執行落實的綜合能力，確保企業的穩健發展。經營型責任勝任力分為真擔責經營型責任勝任力與假擔責經營型責任勝任力，如圖 3-11 所示。

真擔責經營型責任勝任力：全局
- 心：自己地盤的所有人事系統，以利益為核心
- 道：經營全局所需的各種團隊與資源
- 法：系統性原理思維，成為全能冠軍 建立系統模型，獲得企業整體結果
- 相：超越個人感受層面，團隊觀念 以建立信任的團隊為導向 系統性原理思維，建立系統，獲得結果

假擔責經營型責任勝任力：操心
- 心：自認為自己地盤的所有人事系統，自以為的以利益為核心
- 道：自認為經營全局所需的各種團隊與資源
- 法：自認為的能力範圍 自認為的合作方式
- 相：自認為的突破感受層面，團隊觀 自認為的系統原理思維，獲得結果

責任勝任力結構＝心＋道＋法＋相

圖 3-11 真擔責經營型責任勝任力與假擔責經營型責任勝任力的結構圖

1. 真擔責經營型責任勝任力的人的特徵

真擔責經營型責任勝任力的人能追隨很多人，也能調動很多人。他們對人性的認知十分透澈，能一眼看到事物的本質。洞察能力強，具備獨立思考能力和決策能力。

在職場上，真擔責經營型責任勝任力的人懂得如何協調各方的利益關係。他們心裡裝著主管、裝著下屬、裝著本部門，也裝著其他部門。如果他們是中階主管，就能做到上下相容、左右協同，做好各個部門的溝通協調。

他們在與主管相處時，心裡知道主管是什麼樣的人，能清楚地了解主管的長處和短處；對平級同事，他們也能了解對方的長處和不足之處。如果他們是主管，他們就會非常清楚自己下屬的優點和缺點。

在與人溝通時，他們會針對每個人的性格，用對方能接受的方式進行交流，對每個人要求的工作要達到的結果也不一樣。對於大家工作中出現的問題，真擔責經營型責任勝任力的人是以客觀公正的立場尋求最佳解決方案。

他們能客觀分析客戶的需求是什麼，社會的反應是什麼。透過真實的回饋資訊不斷修正自己對世界的判斷，以此來了解事物的真相。

下面是真擔責經營型責任勝任力的人的心道法相、在企業中的表現和工作狀態。

(1) 真擔責經營型責任勝任力的人的心道法相

真擔責經營型責任勝任力的人的「心」：他們的「心」裡裝著公司裡所有的人，知曉每個人的優點和缺點，所有的人事系統以價值為核心。

真擔責經營型責任勝任力的人的「道」：他們的「道」就是能建立全局所需要的各種資源，能建立各個層級的高效的團隊和管理系統，能夠統一團隊的思想和行動。有系統觀，會研究規律，做任何事情會深度考慮。比如，為什麼要設計這個系統，是否適合自己的企業；部門之間如何推展高效協同。

真擔責經營型責任勝任力的人的「法」：他們的「法」就是讓自己成為全能冠軍，在企業建立完善的管理系統，建立團隊合作機制，讓各級團隊實現合作雙贏。

真擔責經營型責任勝任力的人的「相」：他們的「相」就是要求自己是全能，他們在企業中會做所有的事情，包括不擅長的事情。他們會根據系統需求用心經營資源，其能力超越個人感受層面。他們的思想是系統性原理思維，根源性深度思維。他們的行為是透過「大捨大得」獲得結果。

(2) 真擔責經營型責任勝任力的人在企業中的表現

真擔責經營型責任勝任力的人是天生的做難題的「全能型人才」，企業「需要我做什麼我就做什麼」，幾乎是什麼都懂但不精通，他會建立系統、懂得銷售、懂得技術原理、能辨識人才、擅長薪酬管理、能招人用人、財務規劃等，只要是企業需要做的事情他都親自去做，他都能解決。因為他精通各種系統原理，做事情時會先建立系統，雖然不會親自去做，但是會透過專業人士和團隊合作解決問題。

真擔責經營型責任勝任力的人著眼於全局，大多都是企業老闆、高層主管，在企業屬於經營層，甚至是策略層，他們的心裡裝著的是建立系統需要什麼樣的團隊，以及建構系統所需要的各式各樣的組織，這是他們「心」的邊界。

他們能深刻地理解系統建立需要依靠團隊，個人是沒有辦法建立系統和組織的。那麼，團隊依靠的是什麼？團隊依靠的是對人性的理解，他們會在洞察人性的基礎之上設計各式各樣的機制，透過機制把大家凝聚起來。

真擔責經營型責任勝任力的人透過各級團隊來建立組織，建立營運系統。他們是企業的全能型冠軍，作為負責人，他們精通組織背後的所有原理，只有精通原理，才可以根據原理來指導下屬設計各式各樣的組織，幫助下屬成功，是典型的成就人才的領導者。

(3) 真擔責經營型責任勝任力的人的工作狀態

真擔責經營型責任勝任力的人在工作中的狀態有以下四個核心特質，如圖 3-12 所示。

01 主動學習掌握「商業邏輯」
02 建立強大的資源關係網
03 擁有前瞻性規劃思維
04 秉承「長期主義」價值觀

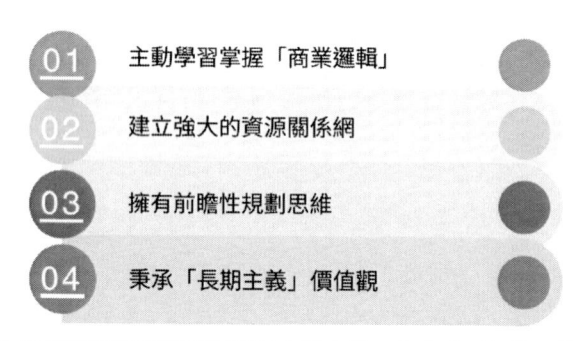

圖 3-12 真擔責經營型責任勝任力的人的工作中的四個核心特質

第一個核心特質：主動學習掌握「商業邏輯」。

真擔責經營型責任勝任力的人具有非常強的學習能力，透過系統的學習，他們掌握了企業的「底層原理」，如企業經營的原理、策略規劃的原理、團隊發展的原理、行銷系統的原理、市場開拓系統的原理、生產交付系統的原理、支持系統的原理、供應鏈管理的原理，以及行政系統的原理、人力資源的原理、財務系統的原理等。隨著不斷深入的探索，他們對各種原理獲得更深度的理解，從而能更易於知道企業當下該做什麼、要做什麼，以及怎麼去做。

第二個核心特質：建立強大的資源關係網。

真擔責經營型責任勝任力的人逐漸對原理有了深度理解之後，他們就會觸類旁通，知道自己的企業需要什麼樣的資源和人才。他們會帶著這些需求進入不同的產業圈或人脈網絡，來尋找企業所需要的資源、客戶和人才。透過活化和整合各類資源，建立一個強大、有效的人際關係網，來助力自己的事業和企業的發展。

第五節　第四級經營型責任勝任力：操盤企業經營

第三個核心特質：擁有前瞻性規劃思維。

真擔責經營型責任勝任力的人擁有前瞻性規劃思維，他們總是在做突破性工作。因為他們懂得為未來做規劃，清楚企業發展的策略藍圖，知道自己目前需要做什麼。所以，他們會做很多前瞻性的、突破性的工作。

第四個核心特質：秉承「長期主義」價值觀。

真擔責經營型責任勝任力的人秉承「長期主義」價值觀，他們不像普通員工那樣，這個月工作，等著下個月拿薪資。他們更多的是追求長期的價值，為企業做一些長遠規劃，秉承「長期主義」，他們會有很多投資的模式，會種下很多因果，他們這種沒有私欲的「捨得」精神為企業的未來發展奠定了基礎。這就是他們能成為企業領導者的核心原因。

真擔責經營型責任勝任力的人的相關描述，如圖 3-13 所示。

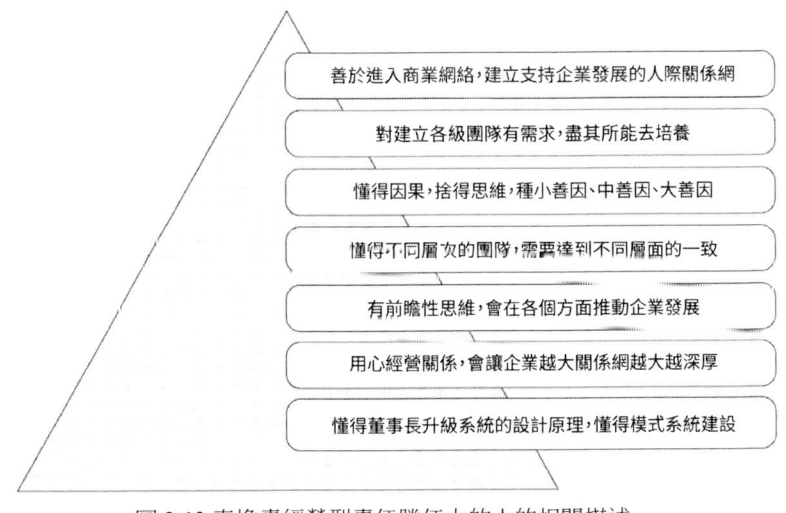

- 善於進入商業網絡，建立支持企業發展的人際關係網
- 對建立各級團隊有需求，盡其所能去培養
- 懂得因果，捨得思維，種小善因、中善因、大善因
- 懂得不同層次的團隊，需要達到不同層面的一致
- 有前瞻性思維，會在各個方面推動企業發展
- 用心經營關係，會讓企業越大關係網越大越深厚
- 懂得董事長升級系統的設計原理，懂得模式系統建設

圖 3-13 真擔責經營型責任勝任力的人的相關描述

2. 假擔責經營型責任勝任力的人的特徵

假擔責經營型責任勝任力的人很執著，只相信自己。他們心中有個理想的世界，他們對待主管和下屬是以自我為中心，主管就應該是他們心中想像的「完美」主管，下屬必須是他們理想中的下屬。總之，他們心中裝的每個人，都要符合他們理想世界的模板。

假擔責經營型責任勝任力的人不是壞人，而是不切實際，他們認為社會就是他們想像出來的理想的世界，他們用理想的標準要求上級和下級，因為過於偏離真實，導致他們在與人溝通時經常出現問題。

下面是假擔責經營型責任勝任力的人的心道法相、在企業中的表現和工作狀態。

(1) 假擔責經營型責任勝任力的人的心道法相

假擔責經營型責任勝任力的人的「心」：他們「心」中沒有一個真實的世界，他們認為的世界是他們心中想像出來的，他們認為的現實世界就是他心中的理想王國，他們認為企業的所有人事系統是以利益為核心的。但是理想和現實差距太大，導致他們想管的事情越多，麻煩越大。雖然事事操心，但事事都沒有好的結果。

假擔責經營型責任勝任力的人的「道」：他們的「道」是非常淺顯的，他們認為建立了員工正常工作所需要的全局性資源，但按他們建立的系統去做，就一定會出問題，無法獲得想要的結果。

假擔責經營型責任勝任力的人的「法」：他們的「法」就是他們自認為的能力範圍，自認為的合作方式。他們的能力和提供的合作方式，都是無效的，只會替別人的工作添亂。

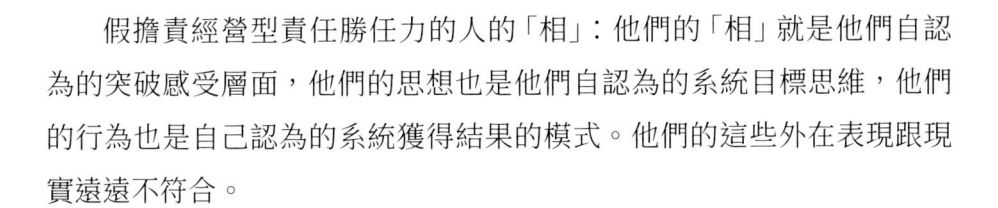

假擔責經營型責任勝任力的人的「相」：他們的「相」就是他們自認為的突破感受層面，他們的思想也是他們自認為的系統目標思維，他們的行為也是自己認為的系統獲得結果的模式。他們的這些外在表現跟現實遠遠不符合。

(2) 假擔責經營型責任勝任力的人在企業中的表現

假擔責經營型責任勝任力的人想管事，目的是把自己無法執行的決策寄託給別人。當他們把自己那套理論和解決方案講給別人並希望對方能夠落實執行時，通常會引起對方的反感。因為他們對事物的洞察沒有深度，也不精準，導致他們認為的「理想方案」全部泡湯。

雖然假擔責經營型責任勝任力的人在企業中為各個部門操盡了心，管的事情也多，但是沒有效率，也得不到他人的支持。而且他們沒有自知之明，覺得自己是對的，不明白為什麼大家不按照他們說的去做。他們之所以會這樣，是因為他沒有真實了解對方的能力，對方做不了他們所說的東西，他們所有的方案是不適合現有團隊、現有組織和現有系統的。所以，假擔責經營型責任勝任力的人操的心也是假心。

(3) 假擔責經營型責任勝任力的人的工作狀態

假擔責經營型責任勝任力的人的核心特質是「管人」，但這是他們自己認為的「管人」。由於假擔責經營型責任勝任力的人活在自己的想法裡，他們對人的能力、對事物的洞察不深刻，這就導致他們無法精通事物的原理，所以，假擔責經營型責任勝任力的人看到的更多的是表象。他們有責任感意識，但是沒有擔當的能力。他們會用這樣不切實際的標準要求他們的上級，他們對下級要求更高，對周圍每個人的要求都是按照他們的理想標準。

假擔責經營型責任勝任力的人對自己的認知也是理想化的，他們對自己的判斷也是錯誤的。他們認為自己外在的表現就是理想化的那麼「完美」，因為活在自己的一種分析和判斷之中，他們有自己的一套理想化的邏輯，他們跟現實完全脫節。所以，他們聽不進去別人對他們提出的正確建議。

假擔責經營型責任勝任力的人無法容人，他們覺得你好就是好。如果他們做了主管，就會用自己理想化的標準強求整個團隊聽他們的，給下屬很大的壓力，當工作中出現問題，他們還會把責任全部推給下屬，導致自己和公司裡的每個人都充滿對立。

第六節
第五級平臺型責任勝任力：推動平臺發展

平臺型責任勝任力，是指他的責任半徑能夠承載一個或多個平臺的營運和管理，具備整合資源、創新業務的能力，推動平臺的快速發展。平臺型責任勝任力分為真擔責平臺型責任勝任力與假擔責平臺型責任勝任力，如圖 3-14 所示。

真擔責平臺型責任勝任力：平臺

心：平臺的所有人事大系統
道：建立平臺的各種資源與資本，注重使命、願景、價值觀
法：建立資源平臺，透過兼併小企業，建立供銷型集團
相：建立大平臺、大系統、大團隊

假擔責平臺型責任勝任力：大愛

心：自認為平臺的所有人事大系統
道：自認為建立平臺所需的各種資源，自認為注重使命、願景、價值觀
法：自認為的建立平臺能力，自認為的雙贏方式
相：自認為建立大平臺、大系統、大團隊

責任勝任力結構＝心＋道＋法＋相

圖 3-14 真擔責平臺型責任勝任力與假擔責平臺型責任勝任力的結構圖

1. 真擔責平臺型責任勝任力的人的特徵

真擔責平臺型責任勝任力的人的特質是能與不同的組織共同生長和雙贏，他們是最成功的組織建設者。他們具有大氣的精神人格、過人的膽識、非凡的智慧、內在的氣度、廣闊的胸襟等特質的綜合，用一顆包容的心看待世界，接納萬物，善於用人之長。

真擔責平臺型責任勝任力的人表面上看很會賺錢，但實際上他們是會做時間管理。透過時間管理縮短成功的時間，他們會把別人成功實踐的時間買來，給對方的成長時間賦能。他們做的是時間管理，把別人的

成功直接吸收,直接「玩時間流」。他們擅長建立各種平臺和組織,把別人的成功經驗變成數位化的系統,用自己的智慧來做時間流。

下面是真擔責平臺型責任勝任力的人的特徵,包括心道法相和工作狀態,如圖 3-15 所示。

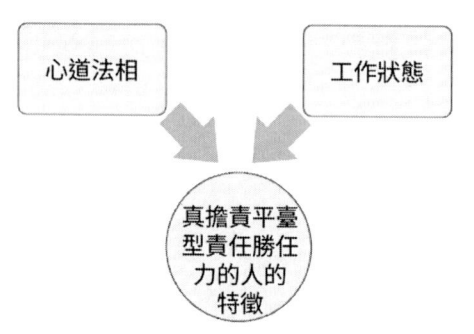

圖 3-15 真擔責平臺型責任勝任力的人的特徵

(1) 真擔責平臺型責任勝任力的人的心道法相

真擔責平臺型責任勝任力的人的「心」:他們的「心」中能裝下所在的組織和平臺,以及組織和平臺所需要的全部資源,他們能建立一個具有強大的凝聚力、感召力、引導力、爆發力、約束力的組織或平臺,為企業創造更具凝聚力的文化氛圍,使組織和平臺的前途與企業的命運緊密地結合起來。

真擔責平臺型責任勝任力的人的「道」:他們的「道」是他們能清楚所在的組織或者平臺建設依靠的是組織與資源,而組織與資源需要的是信仰的紐帶。這種信仰是一種社會使命感,為社會創造更大的價值觀,為百姓造福,為國家作貢獻。

真擔責平臺型責任勝任力的人的「法」:他們的「法」就是他們會去建立企業發展所需要的全部資源、商務網絡,透過建立各種商務網絡和

第六節　第五級平臺型責任勝任力：推動平臺發展

社會連結，從而與政府連結。同時，他們會兼併不同類型的小企業，打通上下游的產業鏈的組織形態，建立供銷型的組織集團。

真擔責平臺型責任勝任力的人的「相」：他們的「相」表現在三個一致性，即他們具備建立平臺一致性心態，建立平臺一致性思維，建立平臺一致性行為的特點，並且都是與組織形成一種「共暖、共生、共長」的關係，最後實現全面的雙贏。

(2) 真擔責平臺型責任勝任力的人的工作狀態

真擔責平臺型責任勝任力的人在工作中的狀態有以下四個核心要點，如圖 3-16 所示。

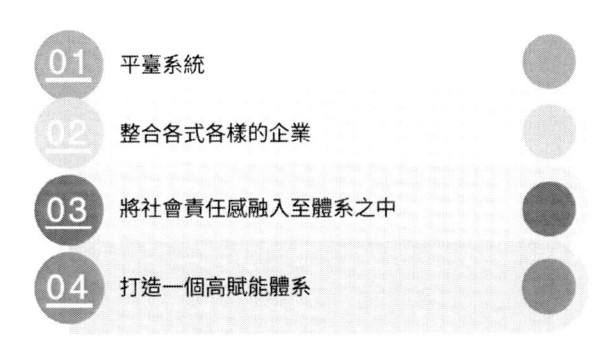

01 平臺系統
02 整合各式各樣的企業
03 將社會責任感融入至體系之中
04 打造一個高賦能體系

圖 3-16 真擔責平臺型責任勝任力的人在工作中的四個核心要點

第一個核心要點：平臺系統。

平臺系統就是平臺輸出的模型不是直接的業務，更多的是資本，是組織體系、營運體系、人才體系等。透過輸出，下面的直屬公司會去建立直接的業務。所以真擔責平臺型責任勝任力的人的平臺總部是以平臺為主，輸出更多的資源來扶持下屬公司，由下屬公司或機構完成落實，這是第一個核心的要點。

109

第二個核心要點：整合各式各樣的企業。

真擔責平臺型責任勝任力的人的平臺元素是把各式各樣的企業整合在一起，真擔責平臺型責任勝任力的顧問體系什麼類型的企業都有，如生產型企業、行銷型企業、資源型企業等。他們把這些企業整合成一個平臺。真擔責平臺型責任勝任力的人做事情的核心不再是以「個人」為核心，而是以組織、平臺或者企業體系為核心。

第三個核心要點：將社會責任感融入至體系之中。

因為真擔責平臺型責任勝任力以組織或者企業體系為核心，除了管控體系，更多的是把社會責任感融入到體系之中，使整個體系裡擁有深刻的社會責任感。透過社會責任感、社會價值觀、社會使命、社會願景將組織或者企業的思想統一在一個高度，把分散在全國，乃至國際的企業凝聚在一起共做有社會責任感的、利國利民的事業。

第四個核心要點：打造一個高賦能體系。

真擔責平臺型責任勝任力的人具備極強的前瞻性，他們對產業發展的規律有深刻的洞察，他們能洞察未來產業發展的趨勢和國家未來的變化，所以，他們更多的是懂得蓄勢、謀勢與借勢，形成更高的眼界、更深的洞見、更大的格局。再加上自己作為產業領航者的力量來引領大家共同發展。他們會建立自己的資本機構、商業學習平臺來完成資本的組織和平臺的投入，打造一個高賦能的體系。

真擔責平臺型責任勝任力的人的相關描述，如圖 3-17 所示。

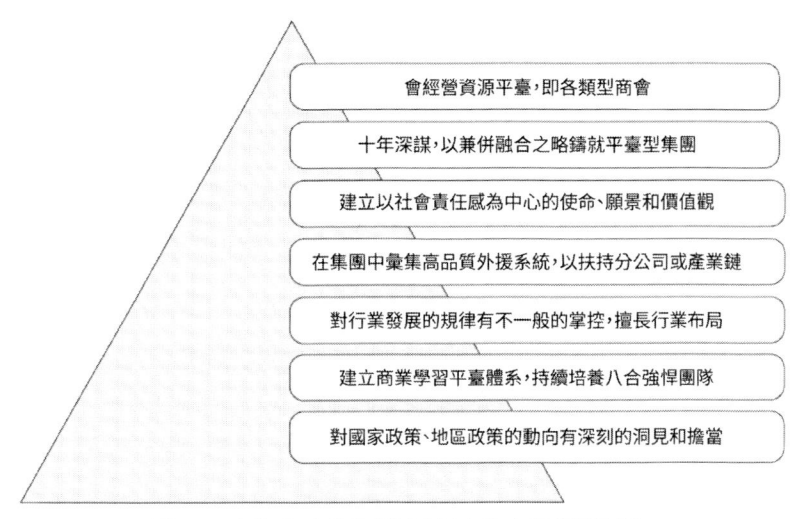

第六節　第五級平臺型責任勝任力：推動平臺發展

圖 3-17 真擔責平臺型責任勝任力的人的相關描述

2. 假擔責平臺型責任勝任力的人的特徵

假擔責平臺型責任勝任力的人的特質是整合，他們想做一個平臺，但他們更多的是透過整合，而不是承擔起建立這個平臺的責任，所以他們的心中是裝不下一個平臺的。他們希望用整合的方式來解決問題，但是整合時會發現很多問題根本就無法解決。

我有一個學員是做餐飲的，他整合了 200 家餐飲企業做了個聯盟。大家一起建立了一個平臺，有錢的出錢，有體系的出體系，希望透過這種方式和大家合力做事業，一起上市。

這個方式看起來很美，仔細分析就會發現，這裡面有很大的問題，他不了解這些小企業的老闆並沒有那麼大的格局，小企業的老闆更多的是要看到短期的利益，而不是真心地把自己的管理系統賦能給大家。在整合的過程中，很多人說得很好，但是做的時候就沒有想像中的力度。沒有真心做事情的力度，就很難透過合力把大家組合在一起。結果兩年

虧了 8,000 多萬元。

我這個學員犯的錯就是他需要依靠別人，不是依靠自己的資源、自己的資金、自己的體系，而是希望藉助別人的體系、別人的通路、別人的資金來整合，這是不可能的。

假擔責平臺型責任勝任力的人只要是用整合的模式來做平臺就必死無疑。因為它不是一個彈性組織，它不能投大量的錢、大量的組織系統以及大量的人才，即人、財、物三個方面都要靠他建的這個體系來完成：你的企業缺人，我就向你投人；你的企業缺組織營運模型，我就幫你投組織營運模型；你缺錢，我就向你投錢；你缺資源，我就幫你投資源。這些重要的東西都在我手上，然後我會把你的小的賺錢模式放大，這就是平臺的邏輯。

平臺需要有一個大的思想紐帶捆綁在一起，即大家要有共同的信仰、社會責任感，這樣才能做長久。

(1) 假擔責平臺型責任勝任力的人的心道法相

假擔責平臺型責任勝任力的人的「心」：他們的「心」是假心，他們「心」中的大愛是真的，但因為內心深處把世界想得太美好，他們會認為別人也會有他們一樣的「大愛」。

假擔責平臺型責任勝任力的人的「道」：他們有整合資源的能力，當他們把平臺系統按照他們心中所想的建立好後，他們會自認為這個平臺的所有人跟他們一樣會盡其所能各顯身手，一起共同發展。

假擔責平臺型責任勝任力的人的「法」：他們一廂情願地認為，自己擁有建立平臺的能力，並且認為每個人都會像他們那樣注重個人使命、社會願景，以及正確的價值觀，最終實現共生雙贏。

假擔責平臺型責任勝任力的人的「相」：他們的假心會導致他們帶著跟每個人一樣的一致性心態、一致性思維、一致性行為，投入全部精力去建立他們認為的實現贏的平臺。殊不知從他們建好平臺那天起，也注定了他們的失敗。

(2) 假擔責平臺型責任勝任力的人的工作狀態

假擔責平臺型責任勝任力的人在工作中表現非常出色，他們竭盡全力地去做一項他們認為無比神聖的工作。因為他們具備整合資源的能力，雖然他們心中假想出來的工作成果看上去很美，他們也足夠努力，不惜投入自己的身家資產，但是理想很豐滿，現實卻很骨感，他們的失敗在他們開始行動時就顯現出來了。所以，假擔責平臺型責任勝任力的人如果不提升層次，那麼他們做什麼事情都很難成功。

這就是為什麼有很多有能力、品德好的人卻總是失敗的原因。

第三章　責任勝任力模型：企業人才發展九大層級

> **第七節　產業型到全球型責任勝任力：引領行業變革到推動社會進步、全球經濟繁榮**

由於產業型、行業型、社會型和全球型責任勝任力的人屬於世界級的商界奇才，比較罕見。所以，本章就只做簡單介紹。

1. 產業型責任勝任力的人的特徵

(1) 真擔責產業型責任勝任力的人的特徵

產業型責任勝任力，是指他的責任半徑能夠承載一個產業的布局和發展，具備洞察產業趨勢、制定產業策略的能力，推動產業的升級和轉型。真擔責產業型責任勝任力的核心是要打通整個產業鏈，即打通整個產業鏈邏輯，在某個產業鏈形成強大的競爭力。

真擔責產業型責任勝任力的人能打通上下游的產業鏈，比如，種植銷售稻米，他們能負責育種、栽培、種植、加工、銷售的完整產業鏈。

我有個學員是（專業生產）幫別人加工保險絲，在市場上有90%的占比。他不但挖原材料提煉保險絲，而且能做設備、礦石。

真擔責產業型責任勝任力的人在市場競爭中能做到逐步形成壟斷市場，這種壟斷不是一家獨大，而是市場中主要企業占據絕對的市場占有率。同行無法與他們競爭。一般企業在行業中只能做到賺錢，特別是民營企業只喜歡賺快錢，不願意做不賺錢的事情。國家正在聚焦策略性新興產業發展，大力推進專業化整合。這種競爭會使很多企業倒閉，使資本擠垮別人。成功經驗的快速複製就是產業鏈，產業鏈屬於壟斷行業。

(2) 假擔責產業型責任勝任力的人的特徵

假擔責產業型責任勝任力的人是希望透過別人來打通產業鏈，就是說不同於真擔責產業型責任勝任力的人具備可以打通產業鏈的直屬資源的能力，假擔責產業型責任勝任力的人希望透過整合各種資源來打通各種產業鏈，但這種方式基本上很難成功。

2. 行業型責任勝任力的人的特徵

(1) 真擔責行業型責任勝任力的人的特徵

行業型責任勝任力，是指他的責任半徑能夠承載和影響整個行業的發展方向和競爭格局，具備引領行業變革、制定行業標準的能力。真擔責行業型責任勝任力的人做行業，賺的是壟斷資本。其核心是整合行業。我們耳熟能詳的一些企業之所以對一個行業產生了顛覆性的變革，就是因為他們在行業上生根，在行業裡形成護城河。

(2) 假擔責行業型責任勝任力的人的特徵

假擔責行業型責任勝任力的人更多的是希望透過別人來打通行業鏈，不同於真擔責行業型責任勝任力的人有精通行業鏈的直屬資源，他們是希望透過簡單地整合行業資源來打通行業鏈，這種方式基本上很難成功，並不是他們不想精通行業鏈，而是能力有限。

3. 社會型責任勝任力的人的特徵

社會型責任勝任力，是指他的責任半徑能夠承載社會責任，關注社會福祉，透過企業行為推動社會的進步和發展。真擔責社會型責任勝任力將企業策略與國家策略緊密結合，他們的企業發展到一定程度時，會對國家的發展產生影響，因此需要與國家策略保持一致。

4. 全球型責任勝任力的人的特徵

全球型責任勝任力，是指他的責任半徑能夠站在全球視野下思考企業和社會的發展問題，具備跨國經營、國際合作的能力，推動全球經濟的繁榮和穩定。真擔責全球型責任勝任力的人擁有世界性的視野，他們在全世界都屬於鳳毛麟角一類的天才創業者，他們的企業不僅對國家，而且對整個世界文明的發展都有很大的影響。他們從世界的角度去考慮問題，而不是局限於一個國家。

第四章
任職資格評測：
企業人才接班制度的建構

第四章　任職資格評測：企業人才接班制度的建構

第一節　企業人才勝任力升級價值：降本增效 100%～300%

企業轉型是一項複雜的任務，需要有一個具備責任勝任力的高素養人才團隊來支持和推動，以應對市場的發展和變革。具體來說，企業人才升級包括從傳統的管理員工行為到管理實施團隊，從管理實施團隊到管理職能部門，從管理職能部門到管理獨立營運，從管理獨立營運到管理組織系統，從管理組織系統到管理事業群，從管理事業群到管理全集團。

在這個過程中，需要不斷提升人才的責任勝任力，因此，企業或組織需要加強具備責任勝任力的高素養人才的培養和引進，建立企業人才庫，提高人才的待遇和福利，以吸引和留住具備高層級的責任勝任力人才。只有擁有一個高素養的責任勝任力人才團隊，才能更好地承載企業轉型的任務，實現企業組織的永續發展。

前面我們分別對九級責任勝任力的數位化人才發展模型做了詳細分析。

那麼，人才責任勝任力模型用於企業中會產生什麼變化呢？

我們輔導的一家企業，其核心主管有 7 個人，3 個人具備真擔責部門型責任勝任力，企業讓他們各自管理一個部門，但結果參差不齊：有 3 個人能將他們的部門管理得很好；有 2 個人管理的團隊氛圍不錯，但整體能力不足；另外 2 個人的團隊則問題頗多，溝通和解決問題的能力都不夠。

我們在對他們整個企業診斷後進行了調整，將 7 個部門劃分為 5 個，由 3 個將部門管理得很好的核心主管、老闆以及兩個核心股東（他們都

第一節　企業人才勝任力升級價值：降本增效 100%～300%

具備企業型責任勝任力）共同管理。經過重新整理人才結構和團隊後，公司長期存在的問題得到解決，部門運作高效，團隊成員的成長也有了負責人。調整前，企業營業額為 1,500 萬元，第 2 年達到 3,000 萬元，第 3 年在我們進行人才賦能後，更是達到了近 5,000 萬元。

我們輔導的另一家企業，在不少城市都設有公司和分廠。但其派出的領導者和團隊核心都不具備企業型責任勝任力，無法獨當一面，導致分公司和分廠問題不斷，如技術、品質、建立銷售團隊等。我們在對公司診斷後重新調整了組織結構，將銷售團隊收歸總部直管，分公司主要負責執行。同時，為分廠引進了兩個具備企業型責任勝任力的外聘主管，經過磨合，建立了整個系統。透過整理和診斷，分公司和分廠的問題得到解決，企業也進入快速發展期。因此，在用人時，精準辨識非常重要。

從以上案例的變化可以發現，企業業績的提升，需要我們在員工的能力本質上下工夫，讓其本質發生改變。而這種改變並非靠管理、激勵或績效考核，而是要讓員工的心性、格局、對事物的理解以及解決問題的方法都發生改變，這樣他們的外在表現才會改變。責任勝任力提升需要在心、道、法、相四個方面下工夫，推動團隊整體升級和成長。

從我們輔導過的企業回饋的實際情況來看，透過運用責任勝任力模型，企業人才接班規劃在以下方面發生了變化，如表 4-1 所示。

表 4-1 數位化人才接班規劃六大價值

	企業短期降本增效 10%～30% 企業長期降本增效 100%～300%
1	透過數位化精準辨識人才，從而降低人才使用出錯率 30% 以上
2	透過數位化精準掌握人才使用邏輯，從而提升外聘主管存活率 30% 以上
3	透過數位化精準搭配人才、職位、組織，從而提升運用效率 30% 以上

第四章　任職資格評測：企業人才接班制度的建構

	企業短期降本增效 10%～30% 企業長期降本增效 100%～300%
4	透過數位化精準建立人才團隊，從而提升科學化管理水準 30%以上
5	透過數位化精準發掘全員升級內驅力，從而提升全員高效自營運水準 10%～30%
6	透過數位化精準建立人才升級模型，提升人才儲備能力 30%以上

企業短期降本增效 10%～30%

　　從我們輔導過的很多企業的改變來看，數位化人才發展模型確實能在短期內為企業帶來 10%～30%的成長。所以，要實現更大的降本增效，企業就需要根據該模型培養人才，將個體員工管理行為提升到第一線組長管理團隊行為，再提升到基層主管管理實施團隊，然後是部門總監管理職能部門，接著是營運總經理管理獨立運用體系，最後是企業總裁管理組織系統，再到總部董事長管理事業群。

　　如果企業能透過 1～2 年的培訓學習實現人才接班計畫，業績就能實現翻倍。

　　表 4-2 是責任勝任力測評能力特質模型面談表。表 4-3 是責任勝任力測評一對一諮詢表。

第一節　企業人才勝任力升級價值：降本增效 100%～300%

表 4-2 責任勝任力測評特質模型面談表

姓名		部門		到職日期		工齡	
職位		層級級別		自我次第評估值		初診次第值	
自我核心測評	測評項	專業技術能力	情緒管控能力	有效溝通能力	工作價值觀	心理風險評估	職業綜合素養
	測評分值						
職位核心測評	測評項	工作計劃統籌能力	工作分配合理能力	彙報工作有效能力	部門溝通合作能力	職位決策擔當能力	團隊員工管理能力
	測評分值						

自我核心測評雷達圖　　　　職位核心測評雷達圖

潛在能力	
工作短處	
急需轉化事項	
工作經歷	
自我職涯規劃	
自我改善方向	
期望得到支持	

第四章　任職資格評測：企業人才接班制度的建構

表 4-3 責任勝任力測評一對一諮詢表

姓名		部門		到職日期		工齡	
職位		層級級別		自我次第評估值		初診次第值	

責任勝任力	自評樣貌 次第值	性格能力	性格偏向	對人的感覺	表情判定	對事關係	與人關係	全局觀
		次第值						
		通用能力	工作邏輯	問題解決	工作主動性	團隊影響力	賦能系統	綜合評定
		次第值						
領導力雷達圖		影響力	管控力	決策力	前瞻力	感召力	創新力	合計
評分								

性格能力雷達圖	通用能力雷達圖	領導力雷達圖
性格偏向／對人的感覺／表情判定／對事關係／與人關係／全局觀	工作邏輯／問題解決／工作主動性／團隊影響力／賦能系統／綜合評定	影響力／管控力／決策力／前瞻力／感召力／創新力

	姓名						
工作自述能力	職位職責	工作流程	工作中常遇問題	領導者的賦能	跨部門協調	薪資／培訓	企業文化

以下是關鍵字紀錄：

人才穩定性	穩定因素		人才培養價值企業方填寫存檔	重點培養	
	不穩定因素			儲備培養	
	穩定性等級			建議考慮	

第二節　追隨型責任勝任力應用：基層員工任職資格評測分析

在責任勝任力模型中，責任勝任力的提升就意味著你所承擔的責任半徑在擴大，你對自己工作和事業的認知也將隨之提升。同時，你的能力會有所提升，做事情的範圍也會擴大，相對應的，你處理問題的難度也會隨之擴大。

這一章我們開始對責任勝任力模型做精細化分解。由於個人型責任勝任力的人活在自己的世界裡，已經不能適應社會，更無法進入企業工作。所以，我們不再講個人型責任勝任力的人，只對追隨型責任勝任力到平臺型責任勝任力的人進行逐一分析。

前文我們提到過真擔責追隨型責任勝任力的人的核心邏輯模式是心中只裝著兩個人——自己和他所追隨的「貴人」，他會盡力滿足這兩個人的需求。由於真擔責追隨型責任勝任力的人沒有思考問題的能力，因此無法發現和解決問題。他們只會信任並聽從追隨者的指令，並按照其示範進行學習。

他們在性格上非常忠誠追隨的人，非常值得信賴，但因為能力有限，真擔責追隨型責任勝任力的人只能處理簡單的事情。

我有一個學員是老闆，他的一個下屬是維修工，跟隨了他11年，對他忠心耿耿，而且要求不高，從來沒有提過升遷。雖然維修工看起來需要技術，但實際上並沒有什麼技術。在這11年中，那些和他同時入職的人要麼得到提拔，要麼離職去了其他公司，只有這個維修工還在原來的職位上。

我的學員看到維修工做事踏實、認真、可靠，就提拔他做了主管，管理6個人。提拔後，他每天的工作內容發生了變化，因為不能自主地安排工作。

所以，他每天要向我這個學員打幾十個電話，詢問的都是非常幼稚的問題。

他實在不知道如何處理，所以要問老闆該怎麼做。

兩個月後，我這個學員受不了了，告訴他，有些事情可以自己做決定，不必再事事都打電話請示。聽了我這個學員的話，他上班成了煎熬，不知道該怎麼辦了，每天一到公司就開始糾結：到底要不要打電話給老闆？因為每天需要替 6 名下屬安排工作，他實在不知道如何安排，只能自己辛苦做事。

我這個學員聽了我的課後，測出他的那個主管應該是真擔責追隨型責任勝任力，不適合提拔為主管。於是和他商量，讓他像以前那樣自己做事。他聽後非常高興。他如實地告訴老闆，如果再讓他繼續工作下去，他就要崩潰了，並且承認自己現在與人溝通時存在障礙。這是因為人在崩潰時，勝任力會下降，再讓他繼續擔任主管，可能會導致他難以做好目前的工作。

1. 遺忘和較長期留存

真擔責追隨型責任勝任力的人對於追隨者的指令是對生存形成的條件反射，只能留存 7～15 天，之後他就會遺忘；經過長期訓練後，他們會形成較長期記憶。

2. 被動與主動

真擔責追隨型責任勝任力的人都是被動地追隨，需要他的「貴人」主動找到他，對他下指令；經過長期被訓練後，他們會提前按指令主動行動，並且明確你指令的具體含義。

第三節　部門型責任勝任力應用：中層員工任職資格評測分析

　　真擔責部門型責任勝任力的人是淺度思維，屬於流程方法性思維，在社會和企業，真擔責部門型責任勝任力到真擔責經營型責任勝任力的人占絕大多數，因此，我們將重點講解真擔責部門型責任勝任力與真擔責經營型責任勝任力的模型。

　　真擔責部門型責任勝任力的人是按部就班執行流程推展工作，他們的核心邏輯模式是關注部門流程，對事不對人，因為只關注流程，他們的邏輯是按照流程做事就是對部門的負責；他了解並遵循領導者設計的流程和方法，以及其中的職位職責。

　　真擔責部門型責任勝任力的人對事情本身的流程較為敏感，他們認為流程是都可以做到的。真擔責部門型責任勝任力的人不善於觀察他人的性格。

　　另外，真擔責部門型責任勝任力的人是流程性思維，他不了解背後的原理，不知道為什麼要使用這個流程和方法。他只是在按照流程執行後，知道什麼方法有效，什麼方法無效，但具體如何設計他並不清楚。

　　真擔責部門型責任勝任力分為第一線組長、基層主管和部門總監。第一線組長主要管理事務；基層主管對流程中的人的需求和能力更為敏感，對人的性格有深刻的洞察力，他們對不同人的不同需求瞭如指掌，能夠與他人建立良好的關係，所以基層主管主要管理實施團隊，部門總監主要管理職能部門。

　　接下來，我們將對個人員工、第一線組長、基層主管和部門總監的不同模型逐一進行深入的探討。

第四章　任職資格評測：企業人才接班制度的建構

1. 個人員工

個人員工，即普通員工，具有以下特質：

(1) 對事不對人

他們對他人沒有感覺，無論是對他人的性格、需求，還是各種特質，他們都沒有印象。個人員工只對能否按照流程做事情有感覺，也就是說，他們做的所有事情都是對事不對人。

(2) 做事遵循流程

個人員工在工作中了解流程、掌握流程和方法，但在流程方法中不能有任何靈活的處理，他們需要的是標準化的流程並加以執行，所以他們的做事方式就是遵循流程。

(3) 按照自己的方式解決問題

個人員工會接受各種流程性的指令，聽從主管的安排。但是，他們遇到問題不會主動找主管詢問解決方法，而是按照自己的方式解決。如果無法解決，他們不會向主管彙報，而是把問題擱置一旁。所以，他們沒有能力主動與他人交流問題，只是分享做事情的經驗。

個人員工需要執行指令，凡是與人相關的事情、具有彈性的事情他都處理不了，他會嚴格遵守流程，所以他也很討厭別人不按流程走，覺得這個人不遵守規則。他只能全心全意地做事，工作非常仔細。他對建立團隊之類的事情不感興趣，也不會主動與主管或其他人溝通，而是堅持按照已有的流程走。如果有問題，他會自己進行一些處理，處理不了就放任不管。

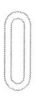

2. 第一線組長

第一線組長，具有以下特質：

(1) 做事情只與內部成員協調

一線組長對他人的性格有一定的感知，他能看出一個人做事是細膩還是粗糙，是主動還是被動，是內向還是外向。因此，他會根據人的性格進行內部成員的溝通和協調，但不對溝通和協調的結果負責。

(2) 對事情能靈活處理

第一線組長在遇到問題時，他能進行一些改善，並且能做到靈活處理。他在內部進行溝通協調，想辦法解決問題。對於不能解決的問題，如果有他值得信賴的人詢問如何解決問題，他會願意配合。但是遇到困難，他不會主動向主管彙報。如果主管主動找他，他願意溝通。出了問題，他也願意全力配合。

(3) 管理團隊需要他人指導

第一線組長知道可以進行改善，只是他只能解決一些小問題，進行一些協調和溝通，並且需要有人指導他如何改善和操作。因此，第一線組長可以為企業內部管事，但只能管理一個小組。這個小組需要主管來指導，他需要協調好內部的合作。

3. 基層主管

基層主管，主要包括以下特質：

(1) 敏銳的洞察力

基層主管對人的需求和感受有深刻的理解。他們清楚對方想要什麼，以及此刻的感受，知道說什麼話能讓人感到舒適，需要什麼樣的支持和幫助。這種對人當下需求和感受的敏銳洞察力，使得基層主管能夠快速與人建立關係。

(2) 善於建立人際關係

由於基層主管能夠與人建立良好的關係，使他們展現出能幹的特質。他們會透過人際關係與主管建立連繫，或跨部門建立關係，來幫助自己或是他人解決問題。他們擅長主動溝通，與主管和跨部門進行協調。然而，他們的溝通協調主要是在遇到具體問題時進行溝通，並試圖解決問題，但並不一定會承擔解決問題的責任，所以，他們並不在乎問題能否解決。

(3) 注重跨部門協調

基層主管了解需求並建立情感關係，他們會在情感上投入很多，例如，他們會和他人一起吃飯、聊天、關心彼此。因此，基層主管的團隊相對和諧。

他們願意讓周圍的人都變好，但不會直接指導他人，而是透過分享自己的成功經驗來帶領團隊。這種方式對團隊的能力提升有限，只能產生有限的影響。

4. 部門總監

部門總監，主要包括以下特質：

(1) 精通部門管理

部門總監的核心特點是精通本公司、本部門的原理。他們了解部門所需的所有能力、流程以及原理，因此能夠清楚地知道每個團隊成員掌握的能力。這樣，他們就能更好地帶領團隊。

(2) 能夠為團隊成員提供指導

部門總監因為精通部門管理，所以他們能夠為團隊成員提供指導，能夠勝任部門總監。他們能夠指出個人在能力方面的不足，是缺乏方法、對流程不了解，還是對管理不熟悉，並給予相應的指導。他們能夠幫助團隊成員提高個人能力，因此團隊更加團結緊密。當團隊出現問題時，他們也願意承擔責任。他們能夠在部門中獨當一面，還能夠培養執行團隊。他們懂得所在部門的績效考核和部門的工作計畫。但是他們不能獨立設計部門的流程、部門的績效考核、部門的目標規劃等，需要他人教給他們，他們才能照著去做。

(3) 具備跨部門責任感

部門總監對工作不是就事論事，他們還會關注對方的流程，透過了解對方的運作模式，來實現跨部門的溝通和協調。部門總監會盡力支持其他部門，從而贏得他們的支持。

真擔責部門型責任勝任力到部門總監的提升，每個層次的跨越都意味著員工處理事情的能力擴大了 3 倍，思考問題的寬度擴大了 3 倍，內

第四章　任職資格評測：企業人才接班制度的建構

心的格局擴大了 3 倍，由此可以看出，員工次第的成長並非簡單的工作能力的成長，而是層次裂變，即 3 倍的能力裂變，如圖 4-1 所示。

責任勝任力升級：精準路徑＋精準環路

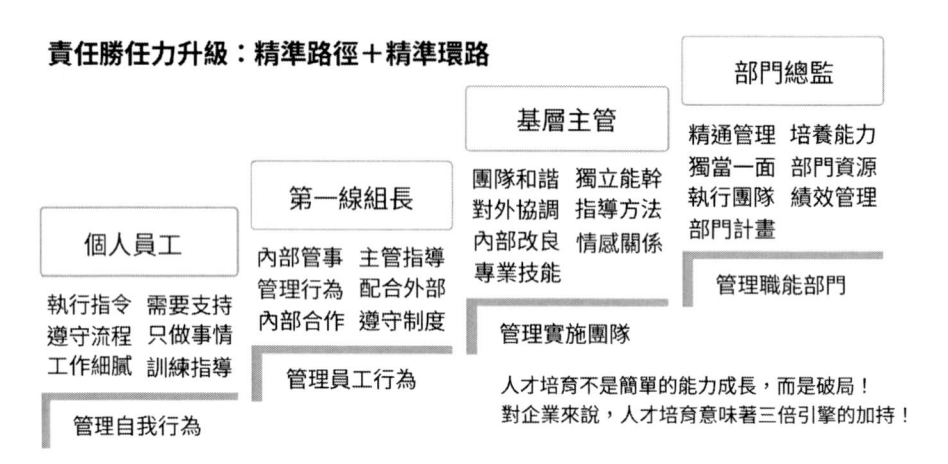

部門總監
精通管理　培養能力
獨當一面　部門資源
執行團隊　績效管理
部門計畫
管理職能部門

基層主管
團隊和諧　獨立能幹
對外協調　指導方法
內部改良　情感關係
專業技能
管理實施團隊

第一線組長
內部管事　主管指導
管理行為　配合外部
內部合作　遵守制度
管理員工行為

個人員工
執行指令　需要支持
遵守流程　只做事情
工作細膩　訓練指導
管理自我行為

人才培育不是簡單的能力成長，而是破局！
對企業來說，人才培育意味著三倍引擎的加持！

圖 4-1 個人員工到部門總監是 3 倍能力裂變

第四節　經營型責任勝任力應用：高層主管任職資格評測分析

　　真擔責經營型責任勝任力分為營運總經理、企業總裁、總部董事長和集團董事長。營運總經理負責獨立營運，企業總裁管理組織系統，總部董事長管理集團。

　　營運總經理是原理思維，能建立系統。擅長運用系統和原理，能精準辨識員工的層次，是用人高手。營運總經理關注個人能力和管理團隊能力，是成就自己的。他們對企業核心的邏輯模式是系統觀，他們了解商業邏輯，會根據商業邏輯進行分析判斷，然後決定採用何種流程和方法做事。同時，由於具備底層邏輯，他們對事物發展有清楚的認知，並且能進行一定的布局。

　　企業總裁關注的是團隊成長，是成就團隊的。他們會讓團隊成員升級，因為他們意識到這種「升維」對企業有很大的幫助，因此會支持團隊的成長和發展。營運總經理則更注重提升銷售能力和管理、財務等方面的職位能力。企業總裁的企業會更加專業化和標準化，想法統一，價值觀一致，並且會努力突破現狀。在商業網絡中，他們會成為有影響力的人，注重口碑，並盡力支持他人。企業總裁會承擔內部團隊成長升級責任，他們有很強的號召力，不但能影響合作者，還能影響他們周圍的每一個人，這種影響力對合作者影響的力度會更大。他們盡全力影響和幫助他人一同成長。他們秉持經營哲學，會制定 2～3 年的規劃。

　　總部董事長專注於建立組織，是成就組織的，但他們屬於組織層面，尚未達到系統級別，真正的系統需要將上下游融合，組織是內部的，越往上發展，效率越高，但難度也越大。總部董事長對內部組織與

第四章　任職資格評測：企業人才接班制度的建構

外部組織會有很深的融合，對內部的體系會有職業生涯規劃，即 2～3 個臺階的規劃發展。

集團董事長則致力於系統合一，是成就整個組織的。由於集團董事長代表系統資訊化，實現工作高效，將文化和組織全部數位化，並與客戶端和上游端聯通，實現客戶與企業的統一管理，提供數位化管控模型，實現各環節的聯動，從而大幅降低成本。集團董事長認為企業與客戶是聯通的，客戶的問題無須回饋就能知曉。所有問題都實現了資訊化。

集團董事長是讓企業與上下游企業緊密合作，合作理念和默契度能夠完全一致，並且都有股份聯通、資源共享，如同一家人。雙方的成本清晰可見，而且透過股份聯通，即使入股少量也能清楚核算成本，核心在於數位化技術。

下面我們將對營運總經理、企業總裁、總部董事長和集團董事長的不同模型進行詳細闡述。

1. 營運總經理

作為企業的營運總經理，年收入在 750 萬～ 2,500 萬元，具有以下特質。

(1) 利益導向

營運總經理秉持短期生意型商業邏輯，傾向於加入商會、協會以獲取資源。在商會中，他們目標明確，只與他們有業務關聯的人進行交流，對建立商會的投入較少。因此，營運總經理在商會中的影響力較小，屬於追隨者。

營運總經理會與上下游建立朋友關係,但這種關係僅限於利益層面。比如,客戶跟他們有供應鏈合作關係,因為有「利益」在,他們就會把客戶當成朋友,在了解對方需求後,會盡全力幫助對方。

(2) 建立團隊

營運總經理懂得企業各部門的運作原理和方法,他們會給予部門負責人以指導,即透過打破「部門之間的隔閡」,建立自己的管理團隊和執行團隊,實現企業獨立營運。在管理團隊時,他們允許成員有想法和做法上的差異,不會強行要求團隊標準化。營運總經理管理團隊擅長做改良,不擅長做突破性工作。因為營運總經理全部是職位制,標準化的時候是一個職位,它可能拆分成若干小的細分職位。營運總經理企業比較注重個人能力,如果企業裡的優秀銷售員離職,或者研發人員離職,對企業影響很大。

(3) 尋求顧問

營運總經理對未來的洞察能力有限,只能洞察 1 年的變化。由於對未來規劃的不同,營運總經理注重利益,與人打交道時圍繞利益設計流程、方法和策略,營運總經理尋找的顧問都是短期的,他們旨在解決具體的、部門性的問題。例如,針對行銷、管理或品質問題尋找相應的顧問。

(4) 經營規劃

營運總經理的規劃方式叫做經營規劃,又稱業績規劃,企業今年要賺多少錢,或者企業要生產什麼產品,今年要招多少人,圍繞的全是業績,或者是圍繞著業績規劃。或者叫經營規劃,就是企業為了經營,需

第四章　任職資格評測：企業人才接班制度的建構

要增加產品，需要增加生產線，或者要增加多少員工，就是根據企業業績或者經營目標來做規劃。

2. 企業總裁

企業總裁在企業屬於總裁級別的領導者，年收入在 2,500 萬～ 7,500 萬元，具有以下特質。

(1) 具有策略思維

企業總裁注重企業的專業化與標準化，會盡力影響外部人群及合作者共同成長提升，對合作者的督促力度更大。他們也會影響外部周圍的人一同成長，且只能為對方規劃上一個層次。其年薪通常在 2,500 萬～ 7,500 萬元。這類人一般為管理型團隊，擅長團隊改良，但不擅長建立團隊，難以承擔突破性工作，幫助對方時會盡力而為。他們具有策略思維，能思考推動企業轉型升級，對企業策略的思考時長為 3 年，其經營哲學為內部承載，即經營人的生命。他們還特別重視人品，認為只有人品好、有大格局的人才能具備更強的系統觀和團隊責任感，而這與系統建設和長期發展相關。他們既注重內部合作，也注重外部影響，同時注重人品。

(2) 建立團隊標準

企業總裁重視建立團隊，強調標準化或建立團隊標準。他們並非系統建設者，只有人品好、心中有大局的人才能夠自願去掉個人化和團隊化。

第四節　經營型責任勝任力應用：高層主管任職資格評測分析

人品越好，次第越高。他們在與外部合作時，會影響周圍的人，也會幫助對方提升勝任力。他們注重系統建設，要求系統內所有人都以建立系統為首要任務。企業總裁會讓團隊內部成員的想法一致化，內部團隊的流程思想一致化。

企業總裁以團隊合作為主，整個團隊成員離開，對企業影響很大，但如果其中有一個人離職對團隊的影響很小，他們可以快速地培養另一個人。對於企業總裁來說，團隊對企業的影響很大，比如，如果研發團隊離開，企業就會受到很大的影響；再如，銷售團隊已經形成了模組化的工作，如果銷售人員甚至銷售總監離職對企業影響較小，但銷售團隊離開，企業就會受到很大的影響。所以，對於企業總裁來說，團隊很重要。他們無法複製團隊，只能複製個人。

(3) 資源獲取途徑

企業總裁也會在商會尋找資源，但與營運總經理不同，企業總裁樂於助人，不論是否存在利益關係，只要對方在共同的商業網絡，他們都會盡力幫助對方。因此，他們在商會中口碑非常好，往往成為重要的甚至領軍的人物，從而獲得更多的資源和支持。

(4) 生態策略規劃

企業總裁做的是生態策略規劃，旨在推動自身企業轉型升級，著重於與上下游企業聚焦協同，相融共生，以局部一體化形式來整合上下游企業與自身企業生產關聯的部分，對外部合作的企業不是全盤規劃，只是施加影響、助力推動，攜手共創發展新局面。

3. 總部董事長

總部的董事長，具有以下特質。

(1) 建立團隊培養模型

總部董事長重視系統化建設，他們在團隊建設中會充分考慮人性因素，而不是完全依賴系統。因為他們明白，只有格局高的人才能讓整個團隊的系統建設效率更高。所以，總部董事長非常重視系統建設。

總部董事長擅長建立模型，他們已經把團隊培養的能力模型做出來了。

他們不是以團隊為核心，而是有標準化，用數字說話，這種標準不是團隊的標準，而是系統化。但並不是都是以系統為大，他們會盡量把團隊的能力全部提煉到系統上。去團隊化和個人化，如果團隊成員離開，他們可以馬上複製出一個團隊。所以，團隊的離開不會對企業造成影響。

(2) 建立雙贏生態規劃

總部董事長是建立策略規劃，是包含上下游企業的，就是上游下游企業你得跟我一起成長，叫做策略規劃，也叫做業態規劃。他們注重用系統建設上下游企業的生態。他們會與上游企業和下游企業融合，建立上下游企業生態系統融合，營運協同工作。策略思維是指與上下游企業融合，實現雙贏生態。你的策略和我的策略之間有融合，你的營運和我的營運之間也有很多的融合。他們彼此的組織之間是統一的。

總部董事長是為上下游企業提供配套的成長系統，讓對方跟自己一起成長。比如，對方的生產設施不齊全，他們會提供配套的設備，讓對

方的能力提升，因為對方只有成長才能和自己做到融合，你要參與到我的研發，參與到我的技術，甚至參與到企業規劃中來。我要降本，你要跟我一起降本，他做的是生態規劃，或者叫上下游規劃。有時候，總部董事長對客戶的影響力弱，他就可能不會對客戶進行規劃，但是能規劃的他都會去規劃。

(3) 與外部企業深度融合

　　總部董事長會讓自己的組織與外部組織深度融合，如上下游企業的融合。彼此相當於跨企業一體化，但尚未鑲嵌成完整整體，有很深的融合度。

　　他們對內部有成長體系，能為整個體系團隊建立職業生涯規劃，可讓對方連續成長 2～3 個臺階，對內部團隊也有職業生涯規劃，有 2～3 個臺階的發展區間。其年薪在 2,500 萬～1 億元。總部董事長只管自己的企業成長，對外部企業只是影響，對方是否成長，他們會盡力影響，但不承擔這份責任。

　　總部董事長是協同系統共融，就是把自己企業的系統和上下游企業統一，實現共融共通，很多地方是和上下游企業協同作戰，你的系統和我的系統有很多的交叉。對方企業的規劃他們很清楚，有很多事情可能是一起做研發，也就是他們會有很多的協同一起做研發。比如，參與下游企業的研發，提供什麼樣的什麼品質，他們能做到心裡更加有數。明白跟對方有很多系統共融的地方，他們會參與你的供應鏈的管控，但不是完全一體化，就是有很多共融的部分。會參與到很多上下游企業，有很多的事情會一起去參與，比如，對方的採購計畫和他們的生產計畫之間會有很多的協同，也可能和你的研發之間就有很多的協同，就是系統有融合的部分。

(4) 建立商會

總部董事長注重用系統建設上下游企業的生態，能夠建立 200 人規模的商會，並且以出色的領導力擔任商會會長，以便更好地與政府進行對接。

4. 集團董事長

集團董事長，具有以下特質。

(1) 數位化管控一體化規劃

集團董事長對企業制定 5～8 年的產業鏈規劃，即在產業鏈上建立團隊。此時，企業開始建立精神系統，在想法底層進一步達成一致。同時，集團董事長實現了完全數位化管控，整個系統內外已一體化，如合作的上下游企業的訂單情況與自身供應鏈已經融為一體。此外，他們對社會也有一定程度的融合。

(2) 與上下游企業營運一體化

集團董事長更注重組織建設。相當於上下游協同工作，完全一體化，稱為組織建設，即數位化管控上下游完全一體化。集團董事長數位管理模型的核心就是一體化，也就是說，與上下游企業進行一體化的管理。

比如，對方企業的生產進度和我們的生產進度是一體的。你那邊生產的情況，我這邊馬上能看到，我會根據你那邊的實際情況馬上安排生產，或者加班，叫組織一體化。系統融合可以實現上下游的協同工作，甚至做到了上下游企業的計畫跟自己企業的計畫是一體的，即上下游策略組織一體化。

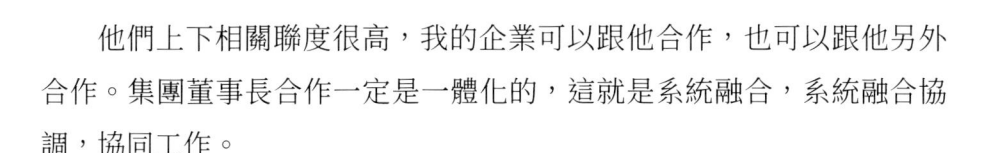

第四節　經營型責任勝任力應用：高層主管任職資格評測分析

他們上下相關聯度很高，我的企業可以跟他合作，也可以跟他另外合作。集團董事長合作一定是一體化的，這就是系統融合，系統融合協調，協同工作。

(3) 與上下游企業共生共長

集團董事長能夠進行全方位一體化規劃，以確保集團各業務區塊協同運作，高效發展，實現整體策略布局的精準落實與穩步推進。集團董事長不僅規劃自己的企業，他們還會規劃上下游的企業，因此必須具備大局觀，不能只關注自己企業的發展。他們不僅要有高尚的人品，還要有大局觀。企業不僅要配合下游企業，還要配合上游企業，這就是大局觀。與此同時，集團董事長一定會承擔讓上下游企業成長的這份責任。

(4) 帶領企業承擔社會責任

集團董事長不僅注重大局觀，還會注重社會責任。他們不只是做到與上下游企業一體化，還會帶領上下游企業一起注重社會責任。

(5) 配合政府履行社會責任

集團董事長會與政府有深度合作，其經營項目符合當地政府需求，獲得支持並享受政策。因為他們的企業規模相當大，他們會注重跟政府的關係，會配合政府的很多政策。對政策有很強的敏感度，和政府協同融合，要配合政府的環保、政府的稅收、地方的勞動就業，配合政府為社會做一些有意義的事情，這就是集團董事長。

由此來看，每個人會因為次第的高低形成收入的差異，每上升一個次第，獲得的收入也將有所增加，進入次第越高意味著責任更大，眼界

第四章　任職資格評測：企業人才接班制度的建構

越開闊，格局越大，生命就越遼闊，收穫的成功也越大，相應地也會獲得更多的收入。

企業的發展也和員工的次第相關，要想讓員工生命層次提升，就要讓員工打倒「假我」，承擔起應該做的事情，做符合他們次第的事情，在實務中修練，建立系統，找到有慧根、能成長的人來指導員工，這樣才能推動企業升級發展，如圖 4-2 所示。

責任勝任力升級：精準路徑＋精準環路

營運總經理
- 全面負責　顧問外援
- 管理團隊　上下朋友
- 資源圈子　生意哲學
- 系統營運　商業環路

管理獨立營運

企業總裁
- 內部扶持　經營團隊
- 外部共生　共生資源
- 整合小企　商會核心
- 經營哲學　布局未來

管理組織系統

總部董事長
- 共長模式　策略團隊
- 集團模式　上下扶持
- 三環結構　政商資源
- 建立商會　長遠布局

管理事業群

集團董事長
- 共命模式　資料模式
- 矩陣經營　政商一體
- 四環結構　精神文化
- 業態團隊　產業布局

管理矩陣集團

人才培育不是簡單的能力成長，而是破局
對企業來說，人才培育意味著3倍引擎的加持

圖 4-2　營運總經理到集團董事長責任勝任力升級全面負責

第五章
任職能力成長：
接班人才的能力發展路徑

第五章　任職能力成長：接班人才的能力發展路徑

第一節
人才任職能力：尋找專業顧問團隊做指導

在商業世界中，企業員工的價值與薪酬常常是一個複雜的問題。員工初入職時可能並不符合他們所領的薪水的價值，但這並不意味著他們沒有潛力。

事實上，員工的成長是一個從無到有的過程，這是用人的基本邏輯。新進員工到職時，可能並不具備與薪水相稱的價值，需要透過培養和磨練，才能逐漸變得有價值。一旦他們變得有價值，他們自然會期望得到更高的報酬，這是員工的正常邏輯。

我輔導過一個企業，這個企業的負責人具備營運總經理的能力，其中三個部門總監只有一位具備部門總監的能力。企業每年的營業額為 1 億 5,000 萬元，但由於人才能力不平衡，流程疏漏嚴重，企業利潤極低。我們建議根據實際情況對企業的組織架構和職位職責進行了調整，以符合人的能力和需求。把不能勝任的兩個部門總監合併成一個部門，由總經理直接參與監督。

在此之前，企業是按論資排輩來區分的。比如，有的員工跟著老闆時間長，不論能力論資歷，均可以擔任部門主管；有能力的人資歷不夠，只能在部門做著不能完全發揮能力的工作。因為組織架構和職位職責是根據員工的責任勝任力調整的，調整完了企業的效率就提高了。同時，為每個人規劃了成長目標，建立了顧問體系。我負責輔導老闆，顧問團輔導菁英層和管理層，諮詢師指導基層。

透過以上的調整，企業的效率得到了提高，盈利也得到了成長，再透過人才勝任力升級整體提升，由最初的 1 億 5,000 萬元的營業額成長

第一節　人才任職能力：尋找專業顧問團隊做指導

到現在的 3 億元。

另外，企業留不住人的主要原因是沒有向員工提供足夠的發展空間。當員工提出調薪的要求時，他們往往還沒有達到那個價值水準。從外部延攬來的人也可能不值他們的薪酬，因為他們需要幾個月的時間適應。因此，解決這個問題的關鍵是建立一個標準化的模型，將員工的賺錢欲望與他們的成長連繫起來。在這個過程中，企業需要給予員工支持，幫助他們變得專業，這需要團隊合作的模式。

要解決這個問題，關鍵在於企業要持續為他們灌輸情感。其中，有幾個關鍵問題需要解決。

1. 建立階梯式的目標模型至關重要

這意味著員工的薪酬應該與他們的價值相配，即「你值多少錢，就拿多少錢」。這就是薪酬模型的核心。

2. 讓員工變得有價值是關鍵

在業務部門和生產部門都是如此，員工一旦成熟，就會提出調薪的要求。其他部門也會有類似的情況。因此，企業需要具備將員工從無價值培養成有價值的能力。這種能力的展現就是為員工制定持續的成長規劃，讓他們經歷多個階段的發展。

一個企業如果能夠為員工提供 1～2 個波段的培養，那麼他們就能留住員工 2～4 年；如果提供 3 個波段以上的培養，員工就能在企業待上 6～7 年，甚至 10 年以上。然而，很多企業只能提供 1 個波段的培養，到第 2 個波段就無能為力了。這時，員工很可能會選擇離開。

3. 對員工進行專業化培養

企業把職位拆開進行專業化處理也是一個重要的策略。員工專業化培養需要 3 個部門的聯動，這樣員工的收入會有較大幅度的提升。但許多企業仍然依賴個人能力，這導致了人才的流失。企業需要採用團隊合作的模式，形成明確的標準，並為員工提供成長的波段。

對於中小企業來說，對員工培養至少要 2 個波段，尤其是在業務部門。很多企業只注重 1 個波段的培養，讓員工在銷售團隊中自行摸索。這樣的企業很容易流失人才。企業應該用團隊合作的模式，降低員工的流失率。

透過以上措施，企業不僅可以解決員工價值與薪酬之間的矛盾，也能夠為員工提供更多的發展機會，從而留住人才。這樣，企業和員工都能從中受益，實現雙贏的局面。

企業留人的關鍵在於老闆自身的成長，如果老闆不成長，團隊便沒有成長的空間，也無法實現團隊化和波段式成長。達到企業總裁階段後，可以進行 2 個波段的培養；達到總部董事長後，需進行 3 個波段的成長規劃。未達到企業總裁則會陷入兩難困境：培養人才可能變成競爭對手，不培養則無人做事。此時，應保持積極正向的思考，將其視為短期合作。

如果企業存在人才接班問題，需要意識到這可能是自身帶人方式的問題。給予人才資金或不給予都會引發問題。大企業通常採用這個模式，小企業至少應建立三個模型。若負責人未成長，就會不斷培養競爭對手。這些員工就像「惡菩薩」，提醒老闆要加快成長。不成長則會被內外人員取代。老闆不成長就無法跟得上時代的腳步，特別是在當今時代，負責人和第二順位主管職責有天壤之別，負責人要擅長任用比自己

第一節　人才任職能力：尋找專業顧問團隊做指導

更強的高手，充分利用資源和外部賦能。

思考如何充分利用人才，能表現出企業管理者的成長思維之快。而員工的成長採用的是裂變思維，誰能得到主管的扶持，誰就具備負責人思維。然而，有些人在得到扶持一段時間後，會產生自我意識，變得傲慢，對他人不屑一顧。

那麼，誰能把你培養成負責人的思維呢？需要在外部尋找那些比你的能力高3倍或10倍的人，在他們的指導下能夠成長。如果對方比你高3倍，你可以全面模仿對方的方法，但一定要有專業老師指導，否則可能會讓你看走眼。而高10倍的人則會在核心理念上對你帶來顛覆，其中的邏輯需要深入剖析，因為表面看到的只是冰山一角。這就是負責人的責任勝任力升級過程。

第二順位主管的特點是喜歡用責任勝任力相近的朋友，相互幫助、互補、相互學習，這是第二順位主管的思考方式。他們會選擇與自己程度相當的人，相互幫助。這樣的人在企業中會有很多兄弟，但沒有很多貴人。他們注重的是質變。

第三順位主管的思維是以自我為中心，認為自己最了不起，什麼事情都由他來解決，他只用比自己弱的人。他是最厲害的，整個團隊都依賴他。

真正的負責人團隊是由高手、朋友和追隨者組成的，負責人的團隊結構也有三層：第一層是比自己更厲害的高手，也就是貴人、顧問導師或上師[1]；第二層是朋友；第三層是願意追隨自己的員工。

---

[1] 「上師」是一個古老而充滿尊敬的稱謂，特指那些在德行、知識和修行方面非常卓越的佛教導師。在佛教傳統中，上師被認為是一種靈感的導師，能夠引導學生走向解脫和覺悟之路。本書在人才管理中引用的「上師」這個稱謂，特指那些品行、才學、認知或職場經驗都高於自己的領導者、主管或職場教練等。

第五章　任職能力成長：接班人才的能力發展路徑

企業採用的模式決定了企業未來的發展方向。企業的結構就是負責人的結構，企業文化就是負責人能力模式的複製。

對於假擔責的人，要學習他有價值的部分；要體諒他，如果無法改變他，就接受他。一個人有假擔責的部分，也就有真擔責的部分，可以與他的真擔責的部分合作。

企業要運用團隊的邏輯來建立團隊，要從創業團隊開始解決，需要有具備營運總經理的人才能建立團隊，一個是自己人，一個是用顧問。建立團隊和體系，營運總經理也可以做到，幫助企業建立團隊，企業總裁成就組織建設，總部董事長實現企業全面數位化建設，如圖 5-1 所示。

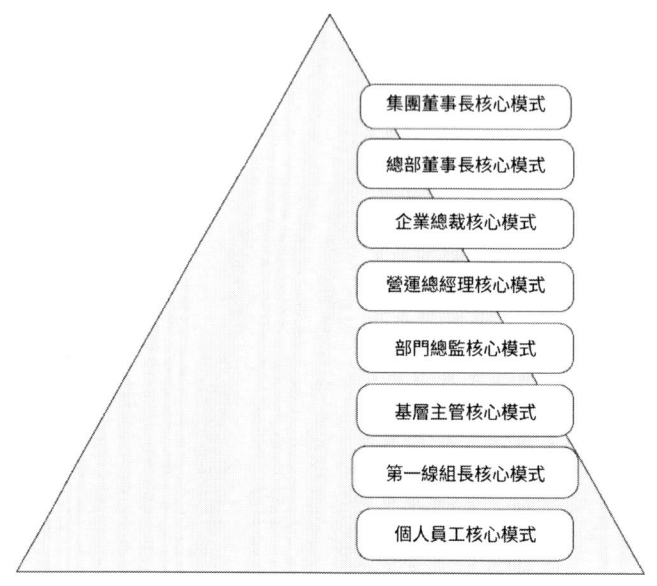

圖 5-1 責任勝任力在人才發展中的成長邏輯

對於企業領導者，要向他們講解營運總經理以上的模型。從個人員工到第一線組長突破一個能力，從第一線組長到基層主管突破三個能力，從基層主管到部門總監突破五個能力，從部門總監到營運總經理突破七個能力。這是我對企業的輔導模型，我們可以根據這個模型來制定成長規劃。

重點強調一下,「成長」本身無法帶來能力上的提升。無論聽多少老師講課,自身能力都不會得到提高。培養能力的關鍵在於獲得成果,無論是自己獲得的成果,還是在顧問導師的帶領下獲得的成果,顧問導師是我們成長的捷徑,最好由顧問導師帶領我們成長,而不是自己摸索和探索。在顧問導師的引領下,我們可以少走冤枉路。

顧問導師有兩個作用:一是教你方法和策略;二是可以全面地教給你能力,包括帶團隊的能力。

1. 自己實踐和嘗試,不斷試錯和改進

這種方式的成本和時間都是龐大的。在成長過程中,拜師是更好的方式。拜師可以學習到系統和竅門,顧問導師會告訴你關鍵點和難點。如果沒有人指導,你需要自己一個個去嘗試才能找到竅門,而在上一個層次會有很多需要掌握的竅門。這就是拜師的意義所在。

2. 擁有完整的顧問體系

企業需要擁有一個完整的顧問導師體系。自己成長最快的時候不是有顧問導師的指導,而成長較慢的時候是沒有人指導,只能依靠自己。特別是許多企業老闆,一旦成功後就丟掉了這個模式,不再有顧問導師的指導。因此,一定要找到真正的導師。導師會手把手地教你,而老師則是給予你理念。老師提供了正確的方向,但無法告訴你具體的操作竅門。導師則在實務中給予指導並指出關鍵。顧問體系就是一種導師體系,而上課則屬於老師體系。所以,上完課後一定要請導師指導來落實。要確保找到的導師是真誠的,而不是虛假的。虛假的導師可能會讓你認為成長很容易,但無法提供系統性的幫助,更多的只是局部的改進。

第五章　任職能力成長：接班人才的能力發展路徑

企業老闆需要了解這部分內容，以實現人才發展的升級。

圖 5-2 是華為顧問導師體系。

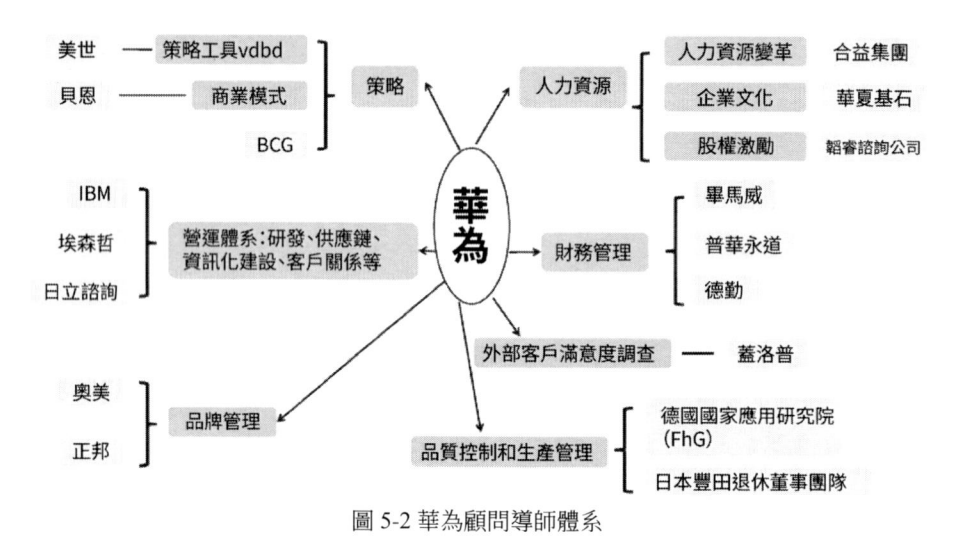

圖 5-2 華為顧問導師體系

第二節
接班人才發展路徑：需高階顧問導師引領

在當今競爭激烈的商業環境中，企業人才的成長與發展對於企業的成功至關重要。對於企業中個人員工以上的員工而言，透過責任勝任力升級實現自我提升，是職涯發展道路上的關鍵。一般來說，企業人才責任勝任力升級的內涵主要包括以下三個方面的事項，如圖 5-3 所示。

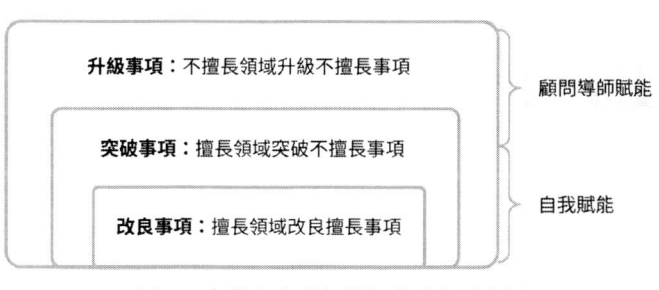

```
升級事項：不擅長領域升級不擅長事項  ┐
突破事項：擅長領域突破不擅長事項    ┤ 顧問導師賦能
改良事項：擅長領域改良擅長事項      ┘ 自我賦能
```

圖 5-3 企業人才責任勝任力升級的內涵

1. 改良事項：在擅長領域精益求精

每位員工都有自己擅長的工作領域，但即使是在這些領域中，也存在進一步改良和提升的空間。以銷售領域為例，有些員工在個人銷售業務上表現出色，但當面臨帶領銷售團隊、管理團隊事務等新任務時，可能會感到棘手。此時，就需要對現有的工作方式和方法進行深入反思與調整，透過改善來提升自己在該領域的能力，從而更好地應對新的挑戰。

例如，一名銷售菁英在拓展客戶、促成交易方面能力出眾，但在團隊成員的培訓與指導、團隊目標的制定與執行等管理工作上經驗不足。那麼，他就需要對自己的工作模式進行改善，學習團隊管理的知識和技能，調整工作重心，以實現從優秀銷售員到卓越銷售團隊領導者的轉變。

2. 突破事項：在擅長領域突破局限

在自己熟悉且擅長的領域中，隨著企業的發展和市場的變化，往往會出現一些以往未接觸過或不擅長的工作任務。然而，這些新的任務又是實現個人職業發展和企業目標所必須面對和解決的。此時，員工需要敢突破自我，挑戰這些不擅長的事項，實現能力的拓展和提升。

例如，一位長期從事銷售工作的員工，因公司業務發展需求，被調配到企劃部門參與產品企劃工作。雖然在初始階段，他可能對企劃工作的流程、方法和理念都不夠熟悉，但只要他敢突破自我，積極學習企劃相關的知識和技能，充分運用自己在銷售領域累積的市場經驗和客戶需求洞察，就有可能在企劃領域獲得優異的成績，為企業的產品推廣和市場拓展提供有力的支持。

3. 升級事項：涉足不擅長領域，實現跨越發展

升級是人才成長的重要階段，它不僅意味著對現有能力的改善和突破，更意味著要勇敢地踏入那些完全陌生且不擅長的領域。在這些領域中，員工往往缺乏相關的經驗、知識原理和資源支持，但正是這些挑戰，為員工提供了實現跨越發展的機遇。

那麼，如何在不擅長的領域中實現突破和成長呢？員工可以透過以下三種學習方式來幫助自己的成長。

(1) 自我賦能

自我賦能是員工成長的基礎方式。員工可以透過自主閱讀專業書籍、查閱權威資料、參加線上課程學習等途徑，獲取相關的知識和技

能，進而解決工作中遇到的問題。這種方式對於在自身擅長領域內的知識深化和技能提升具有重要作用。

(2) 借力賦能

在面對不擅長的事項時，員工可以積極藉助外部力量來實現能力的突破。例如，跨部門合作時，與其他部門的專業人員進行溝通交流、合作配合，借鑑他們的經驗和專業知識，為自己的工作提供新的思路和方法。再如，在推展一個新的專案時，可以尋求行業專家或外部顧問的指導和建議，藉助他們的智慧和資源，推動專案的順利進行。

(3) 顧問導師解決

當自我賦能和借力賦能都無法有效解決問題時，尋找顧問導師進行指導就顯得尤為重要。顧問導師是指那些在專業領域、人生經驗和思考層次上都高於我們的人。他們能夠以更高的視角和更豐富的經驗，為我們提供精準的指導和建議，幫助我們實現更高層次的成長升級。

相比自我賦能和借力賦能，找顧問導師能讓我們實現高段位的責任勝任力升級。如果員工處於部門總監位置，那麼尋找至少高於自己一個層次，能夠改變我們的底層邏輯，幫助我們從新的角度去理解和解決問題；而尋找高我們兩個層次，則能夠顛覆我們的想法，為我們帶來全新的思考方式和理念。

此外，尋找顧問導師時，盡量選擇三位顧問導師為宜，因為同一級責任勝任力的顧問導師，其擅長的領域和精通的原理也存在差異。例如，有的顧問導師對企業的經營管理和策略規劃有著深刻的見解和豐富的經驗；有的顧問導師擅長建立團隊和人才培養，能夠幫助員工提升團

第五章　任職能力成長：接班人才的能力發展路徑

隊合作和領導能力；還有的顧問導師在資源整合和市場拓展方面獨具慧眼，能夠為員工在業務拓展和市場競爭方面提供寶貴的指導。

　　總之，在企業人才的成長過程中，透過在擅長領域的改良、突破以及向不擅長領域的升級，並藉助顧問導師的指導和引領，員工能夠不斷提升自己的能力和責任勝任力，實現個人的職業發展目標，同時為企業的發展注入源源不斷的動力。

第三節　個人員工成長為第一線組長：由管理自我到管理事務

　　一個人成長的核心，如果跟著比自己高兩個段位的人學習，即高兩個能力層級的人學習，可以改變你的內心和生命的邏輯。而高一個能力層級的人只能改變你做事的方法，無法改變你的心道。因此，我們如果尋找比自己高一個能力層級的人，他們會詳細地講解很多方法。而高兩個能力層級的人則加強改變你的底層思路和格局。

　　個人員工在很多企業中比較常見。個人員工代表性格內向，對人無感，達到職位合格標準。第一線組長較為被動，對人的個性有感知，與人打交道較為順利，但自身願意與人打交道，表現得靦腆害羞，面部無太多表情，主要關注團隊。基層主管在熟悉的圈子中較為活躍，表情豐富，對人的需求有感知，對當下人的情感需求能敏銳察覺。雖然有表達欲望，但無法完全抒發，處於被動狀態，除非他人主動邀請，否則不會主動。希望帶領團隊，有團隊領導意願。

　　個人員工學完後很難成長，因此需要建立模式，並為其配備好顧問導師。一個人勝任力不足，在工作中是很難獲得成果的。特別是從事銷售行業，無法處理大客戶。

1. 情緒化

　　情緒化是指無法控制情緒。如果找不到方向，說明你的勝任力不夠，需要尋找責任勝任力更高的人來指引方向。

2. 擔心

擔心意味著過度操心，操心超出自己能力範圍的事情。例如，有些人總是擔心未來，但由於責任勝任力不夠，他們會感到心慌和有壓力。這是因為自己沒有能力處理，責任勝任力不夠，所以要麼降低責任勝任力，要麼提升自己的責任勝任力，學會升級。

個人員工有局部思維和部門思維，他們有上級、下級和平級的概念；他們對事不對人，他們只關注事情本身，按照標準化流程處理問題，不會靈活處理。他們在社會上是典型的對事不對人的類型。

個人員工對事不對人，他們看不到人與人之間的差異，認為人都應該按照流程來走。他們不會主動與人溝通協調，有事自己處理，也不會和主管或同事進行溝通。他們只會按照例子中的流程來做，比如，上一道工序出錯了，也不會回饋。他們只會完全遵守指令，這種人適合在特別有規範的企業中擔任小主管，且必須有明確、固定的指令。他們缺乏應變能力，只能執行指令，屬於個人式員工，安排什麼就做什麼。

第一線組長，管理幾個人，進行內部協調。他們會與內部的人溝通協調，熟悉流程，但他們不具備安排人員工作的能力和影響力，只能進行一些微小的協調，且協調難度不能太大。

第一線組長僅限於了解人的性格，無法準確掌握人的需求和感受。他們與人建立關係的速度較慢，屬於慢熱型，需要很長時間才能與人熟絡。因此，他們只能與熟悉的人，也就是內部的人進行溝通協調，基本上會迴避與主管或跨部門的溝通。但如果主管或其他能幹的人主動與他們溝通協調，他們是願意配合的，只是比較慢熱。

在處理問題方面，第一線組長只能進行一些小的協調，而無法解決問題。

第三節　個人員工成長為第一線組長：由管理自我到管理事務

協調主要是針對換班、洗手間等小問題，大家說清楚就可以。此外，他們具有出色的團隊合作能力。對於人，他們需要較長時間才能對人有感覺，雖然知道人與人之間存在差異，但這方面並不突出。

第一線組長在管理員工行為上比較擅長，但他們無法讓團隊變得快樂，也無法做好其他方面的事，但能在一些事情上進行協調。

在某個部門中，有三個關鍵職位，第一線組長能精通一個區塊。這是第一線組長個人的能力，而且他們能夠掌握他人的情感需求，知道說什麼話能讓大家開心、舒服，也願意建立情感關係。知道良好的情感關係有利於工作的順利推展，因此會透過情感關係來彌補其他不擅長的部分。

第一線組長在工作中對整個部門只擅長三分之一的工作，比如，財務部分為幾個區塊，雖然他們可能只精通一個區塊，但對其他區塊的工作，也能透過協調溝通拉近關係來彌補不足。

他們關心團隊成員，能夠讓團隊變得溫暖，也能意識到團隊的困難。但他們看不懂下屬的能力瓶頸，無法理解別人工作上的短處在哪裡，因此只能分享。他們沒有能力教人提升能力，只能透過提升辦公氛圍來改善現狀。他們看不清人的短處，不知道如何指導他人，也不知道他人的能力需要在哪些方面成長。但是，當下屬不開心時，他們會透過各種方式來寬慰下屬，讓下屬感覺良好，從而創造一個比較和諧的氛圍。

第一線組長在處理重大事件時可能會比較困難，但是在處理一般的不開心和小衝突時，他們會採用很多方法，如哄、勸、陪伴、理解等，讓人的心情好起來。在帶領團隊時，如果團隊成員需要支持，他們會利用團隊內部的情感關係，讓關係好的成員提供幫助。他們在內部關係處理方面有一定的技能。

第五章 任職能力成長：接班人才的能力發展路徑

人才發展升級模型，是我在 30 多年的企業培訓中，根據員工實際情況設計的人才發展升級能力的數位化模型，人才發展成長涵蓋性格能力、通用能力和職位能力，如圖 5-4 所示。

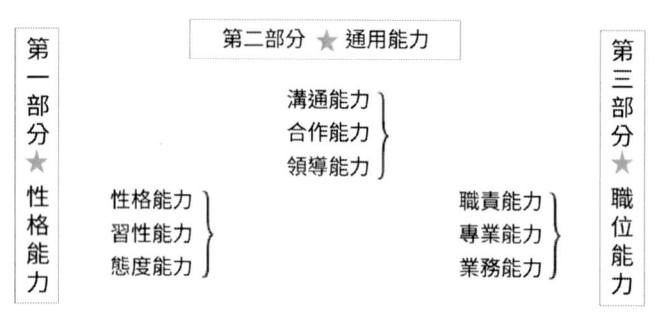

圖 5-4 人才發展升級能力模型

1. 性格能力

性格能力包含性格能力、習性能力、態度能力。員工要明白自身優勢、劣勢、個人特長與性格喜好，透過自我認識與管理，合理制定職業生涯規劃。同時，保持積極端正的態度，具備對團隊或環境的適應與學習心態。

2. 通用能力

通用能力有溝通能力、合作能力、領導能力，包括自我管理能力、任務執行能力、創新創造能力、高效溝通能力、人際合作能力。這些能力可幫助員工更好地融入團隊、提高工作效率，促進個人與組織共同成長。

3. 職位能力

職位能力是指與具體工作職位相關的專業技能和知識，主要有職責能力、專業能力、業務能力。員工需在最短時間內認同企業文化、忠誠企業、有團隊歸屬感，並具備敬業精神與職業素養。專業能力和業務能力也是企業對員工的基本要求，這些職位能力是員工在特定職位發揮作用的基礎。

上述三個能力是責任勝任力升級的基礎，每個能力需要三個工作任務支撐，完成任務即可提升能力。

從個人員工成長到第一線組長是突破一個能力，從第一線組長提升到基層主管需突破三個能力；從基層主管突破到部門總監是五個能力的突破；從部門總監突破到營運總經理是七個能力的突破；從營運總經理突破到企業總裁是十個能力的突破。

1. 做好情緒管理

在深入了解自身性格的基礎上，做好情緒管理與掌控，不要讓負面情緒干擾自己，坦然接納自己。學習第一線組長的人與人溝通的能力，在工作中要積極接觸不同類型的人群，鍛鍊合作能力，延展性格的彈性空間；以積極的姿態應對工作中的變化，適時調整思考與行為模式，滿足新需求。

2. 做好時間管理與掌控

在工作中精心制定計畫與時間表，合理分配時間資源，確保任務準時完成；精準區分任務的輕重緩急，優先處置重要且緊急的事務，堅決克服拖延現象。

3. 對工作有正確的認知

　　第一線組長能清楚明確自己的工作範圍，這是第一線員工層級的人需要學習的地方，要在工作中不斷成長，不斷增強責任感與使命感，以積極主動的姿態拓展工作範圍。同時，要尊重團隊成員的見解與建議，踴躍參與討論與決策過程，充分發揮自身優勢；用心傾聽與理解他人，建立良好的溝通合作橋梁，攜手解決工作問題。

第四節　第一線員工成長為基層主管：由管理事務到管理團隊

　　有位學員處於第一線員工，後來他意識到能力不能盲目擴張，要有層次地學習。當能力不足時，他換公司、換行業、換部門都無法解決問題。他認真學習後，被公司老闆提拔為行銷總監，但他表示有些吃力，沒有做下屬時輕鬆。

　　上完課後，他自認為已經擁有部門總監的能力，然而實際上他的能力範疇僅與基層主管相符，而現在則是第一線組長。不要因為受到打擊而失去信心，因為當時的自信可能是虛假的，要了解真實的自己。

　　領導者要學會尊重團隊，當團隊有內在需求時，要為他們配備導師。基層主管和部門總監都沒有自我改變的能力，他們只有改善的能力。為他們建立升級模型後，遇到問題時他們會找顧問導師，因為他們只有解決問題的能力，沒有成長的欲望，只有在遇到問題時才會成長。在企業發展前期，領導者可能會比較辛苦。有了顧問導師後，他們在遇到問題時可以找顧問導師解決。因此，需要建立模型。

　　第一線員工成長為基層主管需要提升三個層級，即建立情感關係的能力、理解不同人需求的能力、掌握情感需求溝通和理解方式的能力。第一線組長對人的差異認知較淺，需要較長時間才能對人有感覺，而基層主管則能夠快速對人產生感覺。基層主管需要理解人的情感需求，例如，馬斯洛需求層次理論中提到的，不同人可能追求不同的需求。

　　第一線組長可透過誇讚員工、滿足他人情感需求等方式成長。

第五章　任職能力成長：接班人才的能力發展路徑

1. 了解團隊成員的情感需求

有的人需要不斷被誇獎，這種誇獎能激勵他；有的人需要真心關懷，關注其成長。掌握這些需求可建立良好的關係。

2. 具備團隊建設能力

了解主管喜好，服從主管安排，就容易獲得主管的支持。對跨部門的人建立互助關係，這樣有利於工作推展。還要主動跨部門溝通，學會內部協調。

3. 建立內部情感團隊

與團隊內部的人建立良好的關係，有事情請教時他們會幫忙。主動學習職位能力，認真工作，深入理解竅門，建立小圈子，形成合作模式。

第一線組長成長為基層主管還需要理解兩者的區別，第一線組長掌握不住人的感覺，也不會跨部門溝通，工作能力一般，按規矩做事，不思考竅門。基層主管對工作竅門有一定了解，但不全面，在部門中能發揮三分之一作用。第一線組長不了解人和工作竅門，工作表現差。基層主管知道協調人際關係，但不知如何掌握。第一線組長根據主管需求配合，這是竅門。

培養基層主管要掌握關鍵點的能力，了解人的情感按鈕和工作關鍵點。他們會主動找關鍵人物解決問題。

對於企業員工層級能力成長培養，我們一般是從第一線組長開始，第一線組長以下員工不在培訓範圍內。

第四節　第一線員工成長為基層主管：由管理事務到管理團隊

精通職位職責，即掌握職位職責中的方法、流程、原理，此為第一個任務，完成後進行第二個任務——工作目標。管理能力即員工對工作的每日安排。第三個任務是能夠借力，如基層主管具備調動一個部門的能力，但仍有不擅長部分，需要與他人合作借力完成工作。所以，團隊融合能力也很重要。

如果一個第一線組長想要升級到基層主管，必須藉助基層主管的「力」。因為基層主管的個人職位能力強，具有團隊融合能力，能在內部建立情感關係，使團隊成為溫暖型團隊，成員之間會內部協調、互幫互助，營造相互協助關係；對於外部合作能力，他也能與上下級建立互助關係，關心、幫助、支持平級同事，建構情感圈子，從而獲得工作支持與幫助。

第一線組長，需要跟著基層主管提升以下幾種能力，同時需要三個顧問導師給予長期賦能，如表 5-1 所示。

表 5-1 第一線組長成長為基層主管的能力模型

第一線組長成長為基層主管三個長期賦能顧問導師	1. 外部合作能力	任務	上下級建立互助模式
			平級間建立互助模式
			建立外部工作支持圈子
	2. 團隊融合能力	任務	建立內部情感關係團隊
			建立內部協調關係模式
			建立內部難題解決機制
	3. 個人職位能力	任務	精通本職位的職責
			工作目標管理能力
			借力支持工作能力

第五章　任職能力成長：接班人才的能力發展路徑

1. 外部合作能力

　　第一線組長成長為基層主管要提升外部合作能力，要完成三個任務：①與上下級建立互助模式，即在了解自己個性的基礎上提升領導能力，在工作中明確目標與規劃，與上下級、各個部門保持良好溝通與協調，爭取資源支持，平時要關注了解下屬，合理分配任務，建立激勵機制；②平級間建立互助模式，即和同事合理分工合作；③建立外部工作支持圈子，即在工作中建立社交圈子，盡可能地幫助他人解決問題，提供支持和鼓勵，以建立良好的關係。

2. 團隊融合能力

　　第一線組長成長為基層主管要提升團隊融合能力，要完成三個任務：①建立內部情感關係團隊，即透過增進團隊成員之間的交流互動，推展團隊活動，關心成員的需求等方式，拉近彼此距離，增強信任與認同，從而打造和諧、高效的團隊；②建立內部協調關係模式，即在團隊中明確目標與分工，細化任務，建立溝通機制，及時傳遞共享資訊，培養合作文化，增強團隊成員的信任，設立協調角色，解決矛盾，建立回饋機制，改良工作；③建立內部難題解決機制，即在和團隊成員溝通時要懂得科學決策與解決問題，引導團隊積極探討。

　　與人交流時要積極傾聽、專注對方內容，適當回饋；明確表達，語言簡潔、邏輯清楚，根據對方的問題來調整自己的表達方式；溝通後要認真地向對方回饋與確認，並及時改進對方提出的意見。

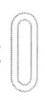

3. 個人職位能力

　　第一線組長成長為基層主管要提升個人職位能力，要完成三個任務：①精通本職位的職責，即在工作中要持續學習，關注行業動態，把所學知識積極加以實踐，多承擔具有挑戰性的工作，同時，要明確自己的職業發展方向，不斷地改善工作方法，主動尋求他人的指導；②工作目標管理能力，即設定明確、合理目標，分解目標為可行任務、制定執行計畫、監控進度與品質、靈活調整策略、評估成果等，只有高效達成工作目標，才能提升績效；③借力支持工作能力，即善於發現和整合身邊資源，巧妙藉助外部力量，比如藉助團隊成員合作、專家指導、技術支援等，以增強自身工作成效，實現工作價值與目標的最大化。

第五章　任職能力成長：接班人才的能力發展路徑

第五節　基層主管成長為部門總監：由管理團隊到管理部門

基層主管可以改變人的情感關係，讓人感到舒適。而部門總監可以提升一個人的工作能力和職位職責的全面性。

基層主管並不是一個合格的主管，真正合格的主管需要達到部門總監的能力。主管需要提升團隊成員的能力，部門總監能夠精通本公司本部門的原理，但這種原理是有限的，只適用於本部門的生產，換個地方可能就不適用了。他們只了解本部門的生產流程。

原理在於，基層能夠根據部門所需的能力，針對重要職位的人員，了解他們缺乏的是技巧、方法、流程，還是其他方面。基層主管在具體能力上能夠提供專業指導。基層主管有指導人的方法和策略，能夠針對不同人的不同職位進行專業指導。基層主管更多的是讓人在感覺上變好，哄哄你、理解你、同情你、關心你，讓你心情好起來。但基層主管並不能看到你缺乏溝通技巧、專業知識、通用管理技能、工作流程或工具使用等方面的問題。

此外，部門總監與緊密相關的部門會有跨部門的責任感。基層主管會與部門進行跨部門的溝通，並向主管反映情況，但並不為事情的結果負責。部門總監則會與緊密關係的部門進行溝通協調，了解對方的流程，並嘗試在流程上進行溝通和協調。

部門總監還具有目標管理的習慣，能夠進行部門管理、安排工作並執行控管。只要經過訓練，部門總監就能學會並掌握這種能力，因為他們有這種思考結構和對部門流程、方法論等所有東西的理解，所以能夠獨當一面。

第五節　基層主管成長為部門總監：由管理團隊到管理部門

　　生意型企業的老闆通常將賺錢視為首要目標。他們建立管理團隊時，成員可能是部門總監，這些人在各自部門中都很能幹。這些人可能沒有經過系統訓練，管理看起來比較粗糙，但能掌控自己的部門。

　　營運總經理可以帶領基層主管，部門總監可以帶領具體的團隊。企業總裁能夠帶領部門總監實現整體改變，因為部門總監已經具備了很多能力，只有讓他們更上一個臺階，他們才會信服。企業總裁能夠帶領部門總監更進一步。營運總經理會教授方法，但要改變一個人，需要站在更高的層次，思考改變人的底層邏輯，也就是心和道。

　　總部董事長可以改變一個人的整個思想結構和底層邏輯，而企業總裁可以學習具體的做法。一個人需要有兩個導師：一個是高他兩個層級的人來顛覆他的生命，另一個是高他一個層級的人來教他升級方法。

　　只高一個維度的主管，是很難帶動他下面的員工的。部門總監不通曉商業，只通曉部門原理，營運總經理則通曉商業邏輯，能夠進行系統建設。部門總監只了解一個部門，在流程上可以協調跨部門，但對於跨企業的責任感和流程則不了解。因為企業可能有多個部門，如行銷部、產品部、設計企劃部、財務部等。部門總監可能只懂一個行銷部門，但設計部門和產品部門也是同一個系統。營運總經理不僅要了解行銷部、產品部、財務部等所有區塊的運作原理，還需了解合作的企業，這就是商業原理和系統原理。

　　商業的核心是跨企業的底層邏輯，而部門總監卻不具備跨企業的能力，只有跨部門的一些邏輯和責任感。也就是說，部門總監會在跨部門方面提供支持，但在跨企業方面則覺得與自己無關，而營運總經理則知道商業的核心是要承擔起跨企業的責任，即與供應鏈保持良好關係對企業的發展至關重要。營運總經理已經理解商業的核心就是要承擔起跨企業的責任。

第五章　任職能力成長：接班人才的能力發展路徑

部門總監只有跨部門的責任感，而跨企業則是更高層次的責任。同時，商業模式是指各種業務形態。並不是像前文我們提到的那 4 種商業模式，只有單一商業模式的就是生意型或經營型的模式，比如，有的是銷售型公司，只懂得銷售業務；有的是生產型公司，只熟悉生產運作。因為銷售和生產的核心技能不同，營運總經理只通曉一種商業模式，企業總裁既了解整個生產流程，又了解銷售公司的營運。生產型公司和銷售型公司的經理每高一個層次，他們對商業模式的理解就越透澈一步。

我認識一個老闆，他是做食品行業的，他懂行銷模式，這屬於第一環。他既懂行銷模式，又了解產品技術創新，這就是第二環。同時，他還懂得產品從生產到銷售的整個流程，這就是第三環。營運總經理相當於了解企業的三種經營模式，比如，銷售型公司，他們了解銷售的產品以及銷售技巧；生產型公司，他熟悉如何生產，能掌握品質和保證品質等一系列流程，而工廠的員工相對低階。銷售型公司的人員通常比較高階，他們需要具備靈活處理問題的能力。

企業總裁則精通兩種模式。比如圖書出版，如果了解編輯內容，這是第一環；既了解出版流程，又能經營印刷廠，這就是第二環；第三環則是除了經營印刷廠，還能開書店。

要理解部門總監，就需要將其與營運總經理進行對照，了解部門總監成長為營運總經理需要哪些方面的提升。只有理解了以上幾個要點，再比較成長所需要的部分。而基層主管要成長為部門總監，需要實現五個能力突破目標以達成相應能力，同時要有三個顧問導師給予長期賦能，如表 5-2 所示。

第五節　基層主管成長為部門總監：由管理團隊到管理部門

表 5-2 基層主管成長為部門總監的能力模型

基層主管成長為部門總監三個長期賦能顧問導師	1. 目標達成能力	任務	精通部門營運原理
			部門目標管控模式
			部門資源建設模式
	2. 升級團隊賦能能力	任務	掌握職位能力模型
			精準個人能力使用
			精準個人能力賦能
	3. 升級跨部門流程能力	任務	與 A 部流程合作模式
			與 B 部流程合作模式
			與 C 部流程合作模式
	4. 升級領導合作能力	任務	與跨部門主管合作模型
			與上級合作工作模型
			共建經營團隊模型
	5. 升級賦能體系能力	任務	部門工作培訓賦能
			個人能力培訓賦能
			外援資源賦能模式

1. 目標達成能力

　　基層主管成長為部門總監，需精通部門原理。目標達成能力包括：①精通部門營運原理，即部門營運原理即方法與工具。以業務部為例，如設計銷售模式、建立團隊、制定績效考核等的原理；②部門目標管控模式，即目標管控模式是對部門內每個人工作的安排以及工作節點的檢查，明確每個人的工作規劃以及彙報時間與節點，此為目標管控能力；③部門資源建設模式，即部門資源建設模式要求具備尋找資源的能力，能夠在部門中獨當一面，如業務部、生產部、設計部等，要具備解決部門內部問題的能力。

2. 升級團隊賦能能力

升級團隊賦能能力包括以下三點：①掌握職位能力模型，即明確每個職位的工作職責、流程、方式等工作能力；②精準個人能力使用，即，要清楚每個職位所需能力，並且幫助能力不足的員工提升能力；③精準個人能力賦能，即要做到能夠合理用人，並依據模型對員工予以指導，使團隊戰鬥力增強。

3. 升級跨部門流程能力

部門總監需承擔與緊密關聯部門的協調工作，達成精通與 A 部、B 部、C 部的流程合作模式。例如，對於本部門與其他部門，能夠發現流程卡點，並與對方協商整理流程、協調處理問題。

4. 升級領導合作能力

升級領導合作能力是指與跨部門主管合作模型、與上級合作工作模型、共建經營團隊模型，部門總監將此作為目標。

(1) 與跨部門主管合作模型

與跨部門主管建立關係，便於合作解決問題。基層主管僅跨部門溝通協調，而部門總監會參與團隊整體協商，打造菁英團隊，進行多部門整體協調。

(2) 與上級合作工作模型

定期向上級主管彙報工作進展與成果，整理上級主管安排的任務完成情況，保持定期彙報工作的習慣，確保與上級主管同步，避免工作偏差。

(3) 共建經營團隊模型

當各部門需打造一體化或銜接不暢時，願意出謀劃策，參與共建模式。

5. 升級賦能體系能力

建立升級賦能體系能力，需要實現對他人能力的培訓，實行師徒制來指導他人成長。①部門工作培訓賦能，即依據不同人員，指導職位原理、流程、方法、工具的核心內容；②個人能力培訓賦能，即以方法和工具進行師徒制指導，形成培訓模式，對本部門或集體推展職位原理、流程、方法、工具的培訓，建立部門培訓機制；③外援資源賦能模式，即對於不擅長或培訓效果不佳、不專業的內容，會邀請老師進行技能培訓。部門總監的所有培訓和指導不涉及人的改變。

專業技能的培訓基層主管成長為部門總監要提升的五個核心能力，成為其目標，每個目標以三個任務支撐，責任勝任力得以全方位提升。

第五章　任職能力成長：接班人才的能力發展路徑

第六節　部門總監成長為營運總經理：由管理部門到管理營運

部門總監擁有外向的性格，對人的能力有感知，能在初次見面時了解對方具備何種能力。有強烈的影響他人的意願，會透過情緒感染他人。比如，會問「嘿！最近好嗎？」以使對方開心。情緒具有目標性，擅長演講並希望與對方互動。有表情，做事時會先拉攏與自己關係好的人。這是其能力短處，做事有目標感、大氣，會支持他人，需要資源時會爭取部門支持。

能力提升後就能獲得相應報酬，具備統籌能力。通用能力方面，無論是財務還是銷售，都完全按照流程工作，並會根據性格對流程進行改良，擅長內部協調工作。這種工作方式以關係為基礎，若無人支持則無法獲得成果。

此外，還需要具備以下幾種能力：一是發展達成目標的能力；二是團隊賦能能力；三是跨部門流程改良能力；四是發展領導合作模式的能力，包括懂得跨部門主管、與上級合作以及菁英團隊的跨部門協調能力；五是升級體系的能力。要精通本部門合作的原理，懂得目標管控模式，具備部門資源建立能力。每種能力的突破都需要有導師指導。

部門總監可以改變人的能力，營運總經理可以改變人看問題的角度和態度，企業總裁可以讓人的生命上升到一個新的層次。

部門總監需要負責特定的範圍，企業總裁會帶領企業實現實質的蛻變，總部董事長會為員工做職業規劃。

營運總經理具有深度思維，能夠改變人看問題的角度和態度。企業總裁可以提升人的層次。它能改變人看問題的角度和對待生命的態度，

第六節　部門總監成長為營運總經理：由管理部門到管理營運

從不同的角度看問題，可能會有不同的結果。企業總裁能讓人的思維上升一個層次。

真正能使人成長的是企業總裁，他可以讓人改變自己。企業總裁可以為他人做生涯規劃，包括從主管到更高級別的發展規劃，以及個人成長所需的能力。這樣可以改變人對事物的看法，讓人更加清楚地理解。

企業總裁會激發人的使命感，他們所關注的是事業上的意義，而非生命的意義。它能讓人看到在事業上升到一定階段後，存在的意義和價值會發生改變。

部門總監和營運總經理不太注重人的價值觀是否統一，他們採用多種個性化的管理方式和規劃。只要能賺錢，大家合力就行，其他方面的思想或打法可能存在不一致的地方。他們透過情感來維繫不一致，認為只要把事情做好、賺到錢並分錢就可以了。因此，他們的企業文化是一種分錢文化。這種文化使得營運總經理對企業有一定的責任感。

營運總經理及以上是企業老闆的層次，他們不僅有成長的邏輯，也很愛學習。

營運總經理及以上的人更多的是從系統層面考慮問題，他們心中裝著系統。營運總經理大多數是小老闆，他們的企業屬於生意型企業，對企業進行 1 年以內的專案性規劃。他們不會進行超過 1 年的規劃，所有規劃都是專案性的，例如，新專案、新產品或增加部門人員等，而不是從企業發展的角度考慮。營運總經理主要改變人的態度，而不是整體。企業總裁改變則需要上升一個維度，具有策略思維。企業的策略高度，往往來自總裁的視野與思維，即需要上升一個維度才能有策略思考。

營運總經理是戰術思維，通常用於專案運作、技術改造或管理提升的都是局部行為，而非全面思維。這種突破往往是局部的，而非全面的經營和系統思維。此外，突破時可能只是局部突破。

營運總經理會跨越企業，滿足客戶需求，並與供應鏈協調。他們注重利益交換，透過供貨和付款來達成平衡。他們會與客戶建立情感關係，但目的性很強，是為了透過打好關係來合作賺錢。他們也會付出努力來建立關係。

因此，他們的企業文化存在不一致、想法不統一的問題，不同部門之間的打法也不同。主管們有不同的管理方式，企業允許這種差異存在。解決問題的方式主要是協調溝通。

這樣的企業領導者是典型的生意型，他們的團隊能夠做好事情，但缺乏突破性。他們擅長管理部門，但在進行新的嘗試或重建行銷系統方面，需要營運總經理以上的人才，因為這些人具有系統思維和深度思維，能夠建立真正的企業系統。建立團隊需要營運總經理以上的人才具備建立團隊的能力，即懂得建立系統並能夠改變人才。營運總經理能夠改變人看問題的角度，而部門總監只能提供專門的能力，難以建立統一的體系。

此外，營運總經理還會進入商會協會尋找資源，他們只關注與自己利益相關的人，對其他不相關的人不會太用心。他們參與商會主要是為了尋找生意機會。

1. 營運總經理會建立管理團隊，能夠指導每個部門的成立

營運總經理可以進入商會和協會，在那裡尋找業務資源，與客戶或供應鏈建立情感連繫。營運總經理還能建立團隊，包括管理團隊和執行團隊，並且以其決策為主。他們有目標管控體系，能夠制定年度目標，並分解為年、月、日的目標。他們通常會制定詳細的聯動目標和分解計畫。營運總經理都有定期檢討與回顧的習慣。

2. 營運總經理具備建立組織的能力

營運總經理能夠建立組織結構、明確職位職責和流程。但是，營運總經理對職位職責和組織結構認知相對粗糙，因為企業規模不大，顆粒度較大。

顆粒度是指企業具體的詳細和清晰程度。顆粒度越細，表示細節越多，清晰度也越高，從而能夠具體描述和解釋一個整體。

3. 營運總經理具備升級團隊的運作能力

營運總經理擁有卓越的團隊升級營運能力，能夠處理工作中的突發狀況和異常情況。同時，他們還會安排正常的工作，以及進行團隊建設。核心層是否需要團隊，以及如何增強團隊凝聚力，都有一套方法體系。

4. 營運總經理為企業建立經驗傳承與人才培育制度

營運總經理透過為企業建立經驗傳承與人才培育制度來為團隊賦能，他們以師徒制為主，也會有專業培訓，可能會送員工出去培訓。

企業如何邁向更高的發展層級，你是否深入思考過？又需要落實哪些全面且系統性的舉措？解決這些問題，需要師從專業導師，才能明白如何切實地付諸實踐。然而，即使完成學業，也難以即刻實現無縫對接與落實執行。這是因為其中蘊含諸多微妙且難以捉摸的訣竅與要點。在員工成長進階的歷程中，會存在著很多意想不到的疑點以及頗具挑戰性的難點急待探索與攻克。

第五章　任職能力成長：接班人才的能力發展路徑

內部和外部的升級系統應該如何去做？如果要提供支持，應該怎麼去扶持？能否建立起商業網絡的人品？竅門是什麼？大量的工作和時間安排應該如何安排？

內部團隊要從部門總監成長為營運總經理，體系要全部實現標準化，部門要開始專業化和細分化。這麼多事情，到底先做哪一個？後做哪一個？要做到什麼程度？許多企業在培育方面，知道了邏輯、方向和核心點後就開始行動，但這樣做必然會失敗。因為你的思維結構不過關，相當於用不過關的思維去做過關的事情，是很難做好的。

從部門總監成長為營運總經理，需要提升七個能力，每個能力對應三個任務。為培養其能力，需要為其設定成長目標，每個目標分解為三個任務，完成任務即可達成能力目標，同時要有三位顧問導師長期給予賦能，如表 5-3 所示。

表 5-3 從部門總監成長為營運總經理升級模型

從部門總監成長為營運總經理三個長期賦能顧問導師	1. 通透老闆生意能力（建立通生意、進平臺生意模式）	任務	通透生意型商業邏輯
			融入一個商業圈子
			融入一個學習圈子
	2. 累積利益資源能力（建立積資源、求發展利益模式）	任務	建立與客戶連結關係
			建立與供應商連結關係
			建立與顧問連結關係

第六節　部門總監成長為營運總經理：由管理部門到管理營運

從部門總監成長為營運總經理三個長期賦能顧問導師	3. 建立執行團隊能力（建立組團隊、做承載團隊模式）	任務	建立生意型之決策團隊
			建立生意型之管理團隊
			建立生意型之實施團隊
	4. 建立合作模型能力（建立共利益、共協作合作模式）	任務	建立客戶利益合作模型
			建立供應商利益合作模型
			建立顧問利益合作模型
	5. 建立組織營運能力（建立粗獷化、協調式營運模式）	任務	生意組織架構模式
			生意職位職責模式
			生意流程工具模式
	6. 建立經營管控能力（建立追結果、掌握關鍵管控模式）	任務	制定分解年度經營目標
			建立年度月度目標管控
			目標過程檢討回顧改良管理
	7. 建立系統改善能力（建立解問題、做調整改良模式）	任務	建立團隊關係建設模型
			建立專業能力成長模型
			建立異常問題處理模型

1. 通透老闆生意能力

部門總監，要通透老闆生意能力，即學習建立通生意、進平臺生意模式，通透老闆生意能力要歷經三個階段：①通透生意型商業邏輯，包括明白生意盈利原因、生意邏輯、團隊與組織建設等生意模型的商業邏輯；②融入一個商業圈子，即需要進入商會或協會等商業圈子，尋找客戶、合作夥伴、供應鏈等資源；③融入一個學習圈子，即進入學習圈子的目的，是學習商業營運、股權模式等，以理解並解決問題、掌握趨勢等。

2. 累積利益資源能力

建立積資源、求發展利益模式，需做到：①建立客戶連結關係，即進入圈子後與客戶建立朋友關係，透過情感連結以累積客戶資源；②建立供應商連結關係，即明確與供應鏈夥伴的共同目標，制定發展策略和規劃，坦誠合作，實現雙贏發展；③建立顧問連結關係，即與專業顧問或能給予指導的人建立朋友關係，將其發展為利益資源。

3. 建立執行團隊能力

建立組團隊、做承載團隊模式，需做到：①建立生意型之決策團隊，即企業進行專案時，能找生意圈朋友或搭檔徵求意見，建立決策團隊；②建立生意型之管理團隊，即在各部門找主管，組成能獨當一面的管理型團隊；③建立生意型之實施團隊，承載客戶與供應鏈等需求。

4. 建立合作模型能力

建立共利益、共協作合作模式，需做到：①建立客戶利益合作模型，即透過團隊與客戶建立合作與利益分配模型；②建立供應商利益合作模型，即與供應商建立利益合作模型，明確供貨、回款、賒帳等事宜；③建立顧問利益合作模型，即與顧問建立合作模型，明確工作內容與報酬。

5. 建立組織營運能力

建立粗獷化、協調式營運模式，支撐該合作模型需建立組織架構，明確各職位責任，需做到生意組織架構模式、生意職位職責模式、生意流程工具模式，將組織架構、職位職責、流程工具清晰化。此營運模式較為粗獷，存在模糊地帶，需協調下屬職位分工與流程。

6. 建立經營管控能力

建立追結果、掌握關鍵管控模式，需做到：①制定分解年度經營目標，即，部門總監需將目標分解為年度經營目標，規劃企業或部門的營業額、專案、設備、人員增減、業務進退等；②建立年度月度目標管控，即營運總經理建立年度月度目標管控，目標存在一定差異，將年度目標分解為月度；③目標過程檢討回顧改良管理，即月度目標一般不設每週詳細安排，但會進行目標過程檢討回顧，完成任務分解與檢討改良，注重結果，對過程管控不夠細膩。

7. 建立系統改善能力

建立解問題、做調整改良模式，需做到：①建立團隊關係建設模型，即建立團隊關係管理模型，促進團隊關係良好，便於協調與精準流程；②建立專業能力成長模型，即透過內外部培訓、師徒制等建立專業能力指導模型，促進能力成長；③建立異常問題處理模型，即針對各層面異常問題，建立處理機制、方法與模型，協商解決問題。

圖 5-5 是人才能力培育模型。

培育文化	培育計畫	培育表格
人才描述表	能力成長計畫	職位勝任力表
人才描述卡	月度目標檢討回顧	個人文化踐行表
各階層主管能力輪廓	每週更新計畫	團隊文化踐行表
次第升級能力模型		

圖 5-5 人才能力培育模型

第七節 營運總經理成長為企業總裁：由管理營運到管理發展

營運總經理成長為企業總裁，需完成十個能力目標以實現能力突破。通常，營運總經理的能力突破不是個體行為，而是要建構一個系統，該系統包含三個核心任務，同時要有三個顧問導師長期給予賦能，如圖 5-4 所示。

表 5-4 營運總經理成長為企業總裁升級能力模型

營運總經理成長為企業總裁	1. 董事長之升級能力（建立長扶持、通商業升級模式）	任務	通曉經營型商業邏輯
			拜董事長為升級賦能上師
			建立董事長策略顧問小組
	2. 整合資源升級能力（建立積資源、儲團隊的模式）	任務	整合行業資源
			整合商業資源
			整合學習資源
	3. 組成外部創團能力（建立新賽道、高客戶外創模式）	任務	建立商業升級外部創團
			建立企業經營外部創團
			建立業務拓展外部創團
	4. 組成內部團隊能力（建立擔責升級、建模型內創模式）	任務	建立策略升級擔責創團
			建立經營升級擔責創團
			建立管理升級擔責創團
	5. 組成顧問創團能力（建立賦專業、擔仕重點顧問模式）	任務	導入企業轉型賦能顧問
			導入部門轉型賦能顧問
			導入領導者轉型賦能顧問
	6. 經營型策略升級能力（建立短效益、長效益營收體系）	任務	經營型三年企業策略性規劃
			經營型兩年人才發展性規劃
			經營型一年經營目標性規劃

第五章　任職能力成長：接班人才的能力發展路徑

營運總經理成長為企業總裁	7. 經營型組織升級能力（建立高效性、低成本營運體系）	任務	經營型中心架構標準化模式
			經營型職位職責標準化模式
			經營型流程工具標準化模式
	8. 經營型行銷升級能力（建立開拓式、服務式行銷體系）	任務	經營型市場部營運標準體系
			經營型業務部營運標準體系
			經營型專業客服部營運標準體系
	9. 經營型交付升級能力（建立降成本、增效益交付體系）	任務	經營型採購部營運標準體系
			經營型生產部營運標準體系
			經營型物流部營運標準體系
	10. 經營型支持升級能力（建立專業化、業務化交付體系）	任務	經營型總經理辦公室營運標準體系
			經營型財務部營運標準體系
			經營型人力部營運標準體系

1. 董事長之升級能力

董事長之升級能力需建立長扶持、通商業升級模式，涵蓋通曉經營型商業邏輯、拜高於自己層級的董事長為升級賦能上師、建立董事長策略顧問小組。

(1) 通曉經營型商業邏輯

營運總經理成長為企業總裁，需要通曉經營型企業的商業邏輯，包括經營規劃、市場策略、團隊與組織建設、市場策略等。

(2) 拜高於自己次第的董事長為升級賦能上師

企業總裁面臨複雜問題，需要尋找導師或企業顧問賦能，一般要找三位不同領域的專家請教，獲取建議以處理問題。

第七節　營運總經理成長為企業總裁：由管理營運到管理發展

(3) 建立董事長策略顧問小組

建立由老闆組成的策略顧問小組，為企業的各種問題做診斷與決策，透過導師或企業顧問賦能和策略顧問小組決策確保發展方向正確。

2. 整合資源升級能力

確定方向後，需根據企業發展方向建立積資源、儲團隊的模式，整合行業資源、商業資源、學習資源，為我所用。

(1) 整合行業資源

整合行業資源，是為了匯聚行業上下游人員，共同研究行業發展，為未來合作做準備。

(2) 整合商業資源

整合商業資源，拓展業務管道挖掘人、財、物等資源。

(3) 整合學習資源

整合學習資源，一般來說，資源圈子的成員在行銷、管理、生產等方面各有所長，大家相互學習、互幫互助、共同發展。

3. 組成外部創團能力

組成外部創團能力即建立新賽道、高客戶外創模式，包括建立商業升級外部創團、建立企業經營外部創團、建立業務拓展外部創團。

(1) 建立商業升級外部創團

企業可以從圈子中尋找合作者,大家聯合在一起組成外部創團,共享資源,根據各自的需求來推展新的專案合作、在行業內推展融通對接活動。

(2) 建立企業經營外部創團

企業與外部創團可以在商業圈子基礎上推展經營合作,如投資、輸送商業模式、整合產業鏈資源等,屬於外部團隊合作。

(3) 建立業務拓展外部創團

拓展外部創團,就是共同推展新專案、進入新市場,實現業務拓展。

4. 組成內部團隊能力

組成內部團隊能力是建立擔責升級、建模型內創模式,包括建立策略升級擔責創團、建立經營升級擔責創團、建立管理升級擔責創團。

(1) 建立策略升級擔責創團

策略升級擔責創團在企業內部創團時,是由企業內部人員組成,而外部創團則是合作形式。內部需要有策略創團、經營創團和管理創團以承載發展,策略創團由策略型人才承擔企業整體發展責任。

(2) 建立經營升級擔責創團

經營創團承擔局部突破任務,如銷售、生產、技術、人力資源管理等方面的突破,助力企業從生意型向經營型、總部型轉型升級。

(3) 建立管理升級擔責創團

管理創團負責改良企業事務，提煉成功經驗以提高效率，此內部承載團隊對企業發展意義重大。

5. 組成顧問創團能力

顧問團隊為企業或部門全面賦能，如銷售顧問為業務部門賦能、人力資源顧問為人力資源部門賦能。組成顧問創團，需要建立賦專業、擔任重點顧問模式，包括導入企業轉型賦能顧問、導入部門轉型賦能顧問、導入領導者轉型賦能顧問。

(1) 導入企業轉型賦能顧問

立足企業核心，運用專業評估體系、依照企業策略規劃、藉助大數據分析、依據企業發展痛點、結合行業發展趨勢、透過專家團隊評審精準導入企業轉型賦能顧問

(2) 導入部門轉型賦能顧問

部門轉型賦能顧問為企業積極尋找優質資源，深度挖掘資源價值，將資源高效轉化為外部創團、內部創團和顧問創團，以實現資源的最大化利用與創新轉化。

(3) 導入領導者轉型賦能顧問

領導者轉型賦能顧問全面為企業、部門和領導者個人進行精準賦能，深入圈子內廣泛尋找資源，並清楚明確資源需求，為企業的發展與轉型提供堅實的支撐與保障。

6. 經營型策略升級能力

經營型策略升級能力是建立短效益、長效益營收體系，包括三年企業策略性規劃、兩年人才發展性規劃、一年經營目標性規劃。

(1) 經營型－三年企業策略性規劃

經營型企業制定三年策略規劃，明確企業從生意型向經營型轉變的路徑及每年任務。

(2) 經營型－兩年人才發展性規劃

提前進行人才儲備與布局，為策略規劃提供人力支持與責任承擔者。

(3) 經營型－一年經營目標性規劃

實現當年策略規劃與人才布局的落實變現，轉化為營業額，形成「321」策略規劃模型。

7. 經營型組織升級能力

經營型組織升級能力是為企業建立高效性、低成本營運體系，包括經營型－中心架構標準化模式、經營型－職位職責標準化模式、經營型－流程工具標準化模式。

(1) 經營型－中心架構標準化模式

建立經營型中心化組織架構，實現架構、職責、流程和工具的標準化，聚焦於行銷的整體布局與操作，包括前端、終端、後端，前端負責行銷，終端負責交付，後端負責支持。

(2) 經營型－職位職責標準化模式

經營職位負責企業日常經營管理工作,如營運、銷售、市場策劃、業務拓展、客戶關係維護等。

(3) 經營型－流程工具標準化模式

要明確經營目標和業務策略,確定需要標準化的流程範圍和關鍵流程,進行流程的頂層設計,如繪製流程架構圖、整理流程之間的邏輯關係和層級結構。

8. 經營型行銷升級能力

經營型行銷升級能力是建立開拓式、服務式行銷體系,包含經營型－市場部營運標準體系、經營型－業務部營運標準體系、經營型－專業客服部營運標準體系。

(1) 經營型－市場部營運標準體系

市場部建立市場開拓部門,透過廣告、展會、社群媒體等宣傳方式吸引客戶資源。

(2) 經營型－業務部營運標準體系

市場部吸引客戶後,業務部了解客戶需求、建立信任,為客戶提供方案,促成合作。

(3) 經營型－專業客服部營運標準體系

專業客服部在市場部之後，具備安排專業人士解決客戶問題的能力，提供專業服務。

9. 經營型交付升級能力

經營型交付升級能力是建立降成本、增效益交付體系，包括經營型－採購部營運標準體系、經營型－生產部營運標準體系、經營型－物流部營運標準體系，為客戶提供專業售後定期服務。

(1) 經營型－採購部營運標準體系

交付部門的採購部建立採購管理系統，對供應鏈供應商進行分級，建立整體管控與評級模型，實現採購營運標準化。

(2) 經營型－生產部營運標準體系

生產部門建立標準化流程涵蓋生產流程、品質管控、成本控制、人員管理等多方面的標準化規範與制度，用於提高生產效率、保證產品品質、實現生產部的經營目標與永續發展。

(3) 經營型－物流部營運標準體系

物流部門對運輸方式、收貨發貨等環節建立標準化流程。

第七節　營運總經理成長為企業總裁：由管理營運到管理發展

10. 經營型支持升級能力

經營型－支持升級能力是建立專業化、業務化交付體系，包括經營型－總經理辦公室營運標準體系、經營型－財務部營運標準體系、經營型－人力部營運標準體系。

(1) 經營型－總經理辦公室營運標準體系

總經理辦公室協助總經理處理日常事務和突破事項，承擔總經理部分責任，如日常行程安排和銷售、生產、人力資源系統的突破任務。

(2) 經營型－財務部營運標準體系

財務部進行日常記帳和財務管理，為銷售、生產等前端部門提供資料支援，分析效能問題，實現專業化。

(3) 經營型－人力部營運標準體系

經營型人力部營運標準體系解決人才成長問題，使人力資源走向專業化，包括策略、業績管理、員工發展區塊。策略區塊規劃人力資源體系；業績管理區塊以考評和激勵改善為核心；員工發展區塊關注企業與員工共同發展，提升員工團隊素養。

第五章　任職能力成長：接班人才的能力發展路徑

第六章
人才培育核心：
責任在手，成在顧問導師

第六章　人才培育核心：責任在手，成在顧問導師

第一節　企業持續成長的關鍵：人才責任勝任力與商業模式升級

企業轉型升級的本質是從市場驅動轉向人才驅動和領導力驅動。企業轉型升級的具體表現是員工能力的提升，包括從管理自我到管理團隊，從管理團隊到管理職能部門，再到管理獨立營運和組織系統等。每次提升都需要員工能力提升三倍，管理範圍和問題難度也相應地增加三倍。

企業轉型升級的關鍵在於人才培育，而人才培育的核心在於「責任在手，成在導師」。這意味著人才培育的責任在企業手中，但能否成功則取決於是否能找到合適的顧問導師。顧問導師可以為人才提供精準的規劃和明確的成長路徑，幫助他們獲得成果。顧問導師分為兩種：一種是高一級的導師，會教授完整的方法和策略；另一種是高兩級的導師，可以影響人對事業的態度。

企業持續成長的關鍵在於人才責任勝任力和商業模式升級。企業需要注重內部培養人才，合理利用外聘主管，並找到合適的顧問導師來幫助人才成長和升級。只有這樣，企業才能實現轉型升級，不斷發展壯大。

商業模式由策略決策決定，而策略決策可以類比為炒菜。炒菜可以根據現有原料或食譜進行，也可以提前備好相應原料再進行。根據原料炒菜是以始為終的策略決策，根據食譜炒菜是以終為始的策略決策，除此之外，還有一種基於人生觀的策略決策，如圖 6-1 所示。

第一節　企業持續成長的關鍵：人才責任勝任力與商業模式升級

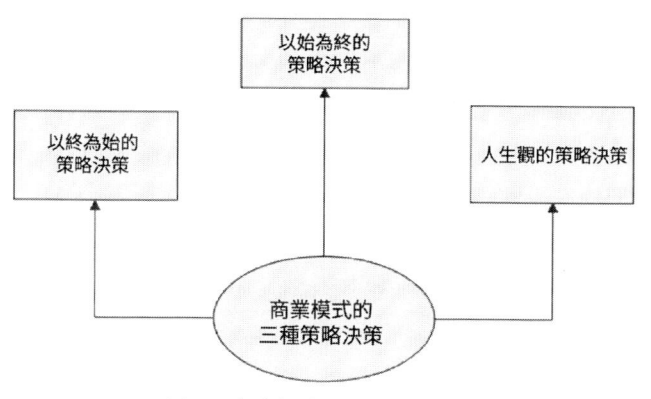

圖 6-1 商業模式的三種策略決策

1. 以始為終的策略決策

以始為終的策略決策，就是根據現有創團的人才責任勝任力商業模式，依據以始為終的原則做策略決策的企業往往十分重視企業的穩定和安全，表現出防禦保守的特點。而在企業轉型突破方面略顯乏力。

2. 以終為始的策略決策

以終為始的策略決策，是秉持高階人才承載企業快速發展的理念，以未來商業模式為目標，即企業將要成為何種商業模式的企業。在開始推動企業轉型升級之前就首先確定企業想要前進的方向和到達的目的地，制定彈性組織和制度組織的策略目標，基於策略目標搭配相應人才，然後再採取相應的行動。依據以終為始的原則做策略決策的企業往往十分重視企業迅速發展，整合各方面人才和資源，表現出激進擴張的特點，而對企業長久穩定和防範風險意識略顯疏忽。

191

3. 人生觀的策略決策

　　人生觀策略決策，是根據現有創團的人才層級設計商業模式，並以企業下一步的商業模式規劃人才創團，根據企業發展週期有序布局，形成穩固發展的組織系統。依靠組織系統控盤升級，既能夠讓企業抓住時機快速突破、迅速發展，又能夠對企業潛在風險及時採取措施有效防範和化解；既能夠踩油門加速彎道超車，又能夠踩煞車及時止停。以下舉例子說明。

　　企業如果是個體型人才團隊商業模式，那麼在保證現有商業模式穩定運行的基礎上，要積極「備菜」，即規劃升級為生意型人才團隊商業模式所需的人才創團。

　　在企業完成生意型人才團隊商業模式的升級之後，策略決策又要轉向以始為終，同時以終為始，規劃經營型人才團隊商業模式所需的人才創團。

　　人生觀策略決策意味著企業的轉型升級盡在自己的掌握之中，其中最為關鍵的是企業從一種商業模式升級為另一種商業模式的過程中會進入一段過渡期，比如，生意型商業模式在升級為經營型商業模式時會先進入一段小經營型商業模式的過渡期。

　　企業中的顧問創團就是追蹤、掌控和推動整個升級的中堅力量，確保企業平穩過渡和迅速轉型。比如，某企業在由生意型轉向經營型商業模式的過程中，顧問創團會盤點企業現有人才團隊，明確每個人的職責，同時規劃該階段需突破的部分並劃分為層級目標，落實在各負責人。如果交付體系不完整就進一步完善，支持架構不完整就進一步改良。

　　由此可見，企業的發展模式會先後經歷生意型人才團隊商業模式、經營型人才團隊商業模式、總部型人才團隊商業模式和集團型人才團隊商業模式。

因此，策略不是簡單的行動規劃，也不是擴大規模、增加商品、提供優質服務或制定年度營運計畫，而是企業轉型升級所需的全面系統規劃，是能夠確保企業持續成長的短、中、長期系統規劃。

小企業最忌諱的是創新和探索，應該做的是複製。複製別人的經營理念、團隊架構模型、組織模式、營運體系、彈性組織與結構組織等。透過複製，企業的基因中有80%是通用的，剩下的20%可以進行個性化調整。

一般來說，個體型企業一般能夠生存在大企業不願意涉足的領域。例如，開餛飩早餐店，需要自己製作麵糰等。由於現代人的需求多樣化，如需要玉米、豆漿、包子等，小攤子無法滿足所有需求。所以，只要大企業介入的領域，小企業就很難有生存空間。

從目前的市場環境來看，個體型和生意型的企業幾乎不能獨立生存，特別是大企業願意涉足的行業，只有在成為其加盟店的情況下，部門總監的程度企業才能生存下去。

獨立店的利潤一般不大，但對於配送不便的餛飩等食品，獨立店仍有生存空間。這些獨立店通常由老闆帶著幾個人經營，老闆的能力達到部門總監的程度，雖然這個部門能夠生存，但他們比大企業更辛苦，收入也更少。

這種小規模的模型，營業額大約在每月100萬元。這是最小的模型，全部是單層結構。

這樣的獨立店要想進行轉型升級，必須有專門的導師指導，大約需要12個月，轉型後的營業額將會得到成長。然後進入經營型模式。在這個階段，需要導師手把手地指導。

第六章 人才培育核心：責任在手，成在顧問導師

第二節 商業模式的升級：企業轉型期的四種模式

企業商業模式轉型過程中，董事長作為企業轉型升級的舵手，需要一手掌握創業團隊建設，一手掌握組織體系建設。而企業商業模式需要策略規劃來推動，即從個體型商業模式逐步升級為個體型、生意型、經營型、集團型（總部型）商業模式，如圖 6-2 所示。

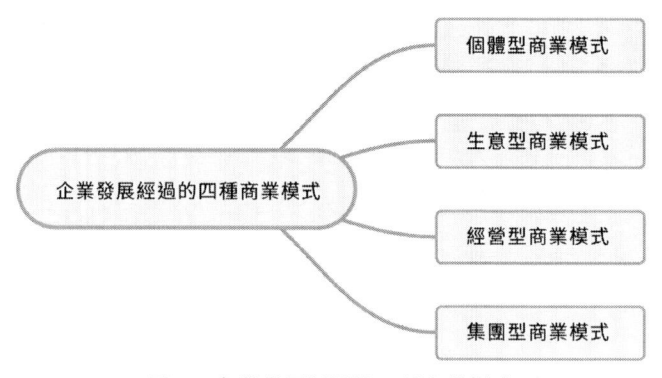

圖 6-2 企業發展經過的四種商業模式

1. 個體型商業模式

個體型企業是一個企業發展的初創期，規模小、盈利少，組織的精力偏重於單一產品的生產和銷售，目的就是先活下來。

個體型商業模式主要以產品鏈為中心，根據市場需求不斷豐富產品鏈，但對產品的品質和服務缺乏重視。典型的個體型企業如路邊的早餐店、小麵攤等，它們與客戶之間的關係不密切。個體型企業的組織架構很簡單，通常是 1 ＋ N 模式，即一個老闆帶幾個執行人，沒有管理層，雖然有職位職責，但沒有部門。

2. 生意型商業模式

生意型商業模式是企業的初步發展期，已經有了一定的粗獷式管理經驗累積，整個商業模式升級為生意型。

生意型企業建立了第二級管理團隊，總經理統籌各部門，推動企業執行，各部門具體工作由各部門長負責。生意型企業的規模較小，管理是粗獷式的，甚至沒有明確的職位說明書，職位之間常常有交叉，會出現模糊地帶。

部門內的工作沒有詳細的工作流程，遇到問題往往需要就地協商。部門之間會存在「部門隔閡」，通常透過兄弟情義拆「部門隔閡」，但並不能從根本上解決問題。因為生意型企業的制度和流程並不健全，依靠情感維繫，隨著企業的壯大，情感維繫一旦不那麼密切，部門隔閡的問題會越發嚴重。

生意型商業模式主要以客戶鏈為中心，以做深做透客戶為主要任務，深度挖掘客戶需求，並開始重視服務，提升客戶滿意度。同時，生意型企業的老闆會不斷嘗試學習拓展，建立客戶、顧問、朋友等各類資源圈，以尋找業務相關的資源，但在商業網絡中往往缺乏影響力，如圖 6-3 所示。

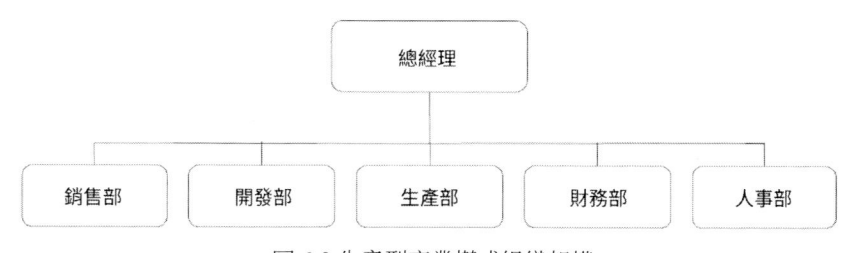

圖 6-3 生意型商業模式組織架構

3. 經營型商業模式

經營型商業模式需要企業領導者具備策略眼光和升級能力，以帶動員工共同成長。這個時期，企業領導者的升級能力至關重要，需要有外聘主管來指導和帶領他們實現突破。生意型向經營型轉變，團隊也需要發生變化，除了內部資源，還需要顧問團隊的支持。顧問團隊將成為企業的一員，參與企業發展規劃的制定，這不是局限於局部突破。顧問包括三種：企業轉型升級顧問、局部功能轉型顧問和領導者個人顧問。

經營型商業模式注重企業規劃，團隊需要制定企業規劃模型。流程管理轉變為組織架構管理，需要從多個方面進行升級。

這時企業的升級是先決定後成為。企業如果明確的策略目標是成為經營型企業，領導者自己要從營運總經理的能力水準提高到企業總裁的水準，團隊整體的責任勝任力也要有所提升，升級是整個系統的突破。

以始為終是以現有的模式制定目標，以穩定和安全為主，在熟悉的領域進行突破和成長，推動現有發展。這種根據現有的條件去發展，升級會有很大的難度。而以終為始則是先確定目標，然後根據目標來制定計畫和培養人才，掌握商業發展規律和組織建設，以實現企業的轉型和發展。

以終為始是掌握商業發展規律和掌握組織建設，根據策略來搭配人才，企業內部70%的人要進行成長，以未來3個月模式來培養人才，這叫做以終為始的模式，就是先決定後成為。以終為始是我必須成長，企業和人才必須突破哪個層級，要有完整的能力模式。

企業策略核心先要有人才才能轉型，領導者必須具備營運總經理的程度，所以，企業策略核心需要有人才來推動轉型，領導者要具備升級能力，帶領團隊實現從生意型向經營型的轉變，以實現企業的永續發展。

企業在經歷了初期的快速發展後，會逐漸進入成長的成熟期，商業模

式也會升級為經營型。在這個階段，企業開始注重組織系統的建立，在行銷、交付、支持等方面逐漸成熟，形成自己的核心能力和競爭優勢。

行銷部門通常負責產品或服務的零售，交付部門則負責批發。賺錢的部門通常是交付部門。零售部門可以被稱為連鎖賺錢公司，它們都是賺錢部門。真正的財務部門也應該注重賺錢。

經營型企業的典型特點是組織系統運作呈現專業化和標準化，形成以總經理或董事長為核心的領導團隊，確定行銷中心、交付中心和支持中心的將帥，由其凝聚和領導各自部門，系統管控，形成整體。我們可以看到，經營型企業職位職責明確，系統化流程清楚，分工精細，運轉高效，各個環節緊密相扣，為企業的穩定發展奠定了堅實基礎。如圖 6-4 所示。

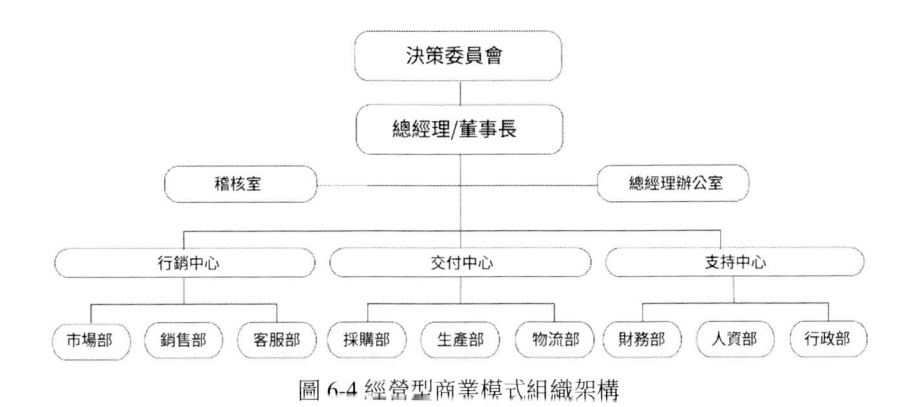

圖 6-4 經營型商業模式組織架構

進入經營型商業模式，企業組織的穩定不再是以情感為紐帶，而是必須去個性化，建立其內部系統的文化模式。經營型企業的組織架構有一個特殊的組織——總經理辦公室，遵循總經理的意志，代替總經理突破企業發展中遇到的卡點。除總經理辦公室外，還有稽核室，這時企業能夠及時洞察系統漏洞，防患於未然。

企業一旦升級為經營型，就開始逐步整合一些生意型企業，並且與專業的顧問公司建立長期的合作，在顧問公司的賦能之下制定策略規

第六章　人才培育核心：責任在手，成在顧問導師

劃，與客戶建立共生關係，並與供應鏈建立共生合作關係。

進入經營型商業模式，很多的外聘主管會進入企業。這個時候外聘主管往往會和原創團隊發生衝突。原創團隊長期吃苦耐勞、艱苦作戰，伴隨企業度過一個又一個艱難時期，對企業有很高的忠誠度。而外聘主管雖然見識廣、能力強，但缺乏對企業和團隊的忠誠度。所以，外聘主管與原創團隊的衝突在所難免。

另外，經營型企業老闆的權力開始受到約束，很多決策需要經由經營層達成一致意見之後才能決策，而不是一言堂。因此，經營型企業在經營層中有一套完整的共識決策系統。這一時期，我們看到企業開始去家族化，企業必須對企業員工一視同仁。任何利益的傾斜都可能會導致企業陷入困境。

4. 集團型商業模式

集團型企業也稱為總部型企業，企業的發展取決於人才的成長，人才決定了企業的發展。

成功的關鍵在於複製，這是最快的方法。商業模式在五千多年的歷史中基本沒有變過，創新的是花招，而商業本質並沒有創新。創新的是方式，比如，以前人們透過送信、電話來交流，現在則是透過技術創新來實現。

製造模式和商業模式是不同的。我輔導過上千家企業，關注的是本質，而不是表面。因為企業在經歷了初期的快速成長後，會逐漸進入成長的成熟期，商業模式也會升級為經營型。在這個階段，企業開始注重組織系統的建立，在行銷、交付、支持等方面逐漸成熟，形成自己的核心能力和競爭優勢。

企業成功的商業模式是總部型商業模式。隨著企業業務、人員、組織、

第二節　商業模式的升級：企業轉型期的四種模式

盈利開始進入穩定期，企業由經營型商業模式轉型升級為總部型商業模式。

這個階段如同人的青春期一樣，是企業蓬勃發展的階段，企業規模、業績都有了很大的發展和提升，擁有了一定的資源和組織能力，如圖 6-5 所示。

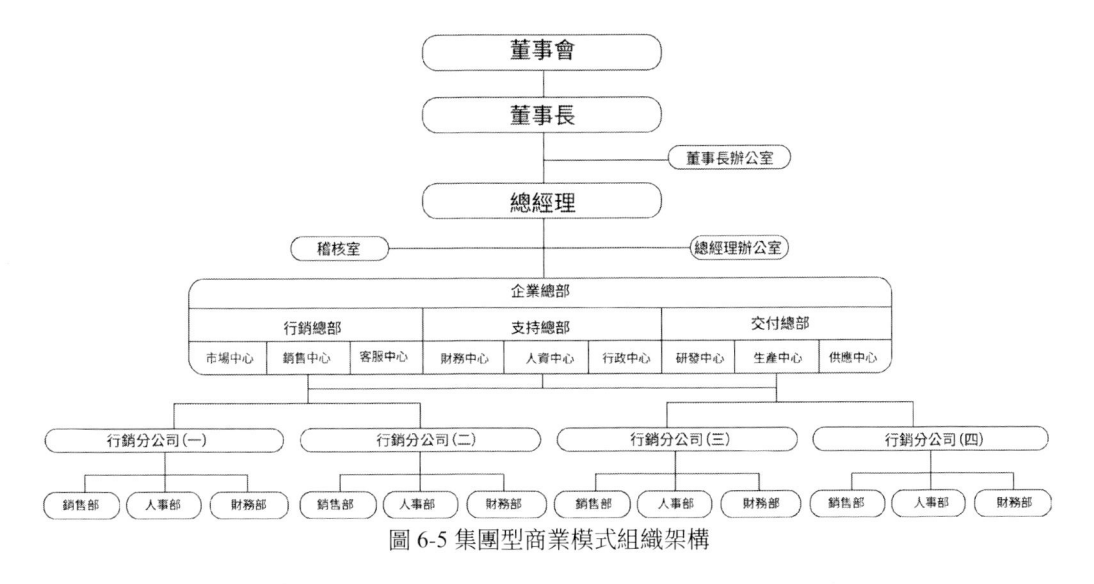

圖 6-5 集團型商業模式組織架構

總部型企業的典型特點是去業務化，具體業務全部在分公司。總部型企業資源高度整合，由總部統籌規劃資源的配置，賦能分公司，形成協同效應，提高企業核心競爭力。

分公司雖然組織並不完善，但它們具備突出的優勢和豐富的第一線作戰經驗。比如，行銷分公司只專注於第一線行銷，其財務部只是處理保險、記帳、出納等基礎的功能。高階人才的招、用、育、留均由總部完成，基礎員工則是由各分公司負責。除此之外，還有市場開拓、品牌塑造、客服等都由總部完成，行銷分公司只要把行銷做好即可。

生產分公司只負責生產，其原料由總部研發，生產分公司在生產中心的統籌和支持下有序生產。

第六章　人才培育核心：責任在手，成在顧問導師

第三節　總部型領導者職責：董事長和總經理分工明確

　　阿里巴巴是一家跨國科技公司，其業務涵蓋電子商務、金融科技、雲端運算、數位媒體和娛樂等多個領域。阿里巴巴透過一系列的策略收購和整合，實現了業務的快速擴張和協同發展。

　　在電子商務領域，阿里巴巴透過收購和整合淘寶、天貓、支付寶等多個平臺，打造了全球最大的線上零售市場和支付平臺。此外，阿里巴巴還透過投資和合作，整合了物流、供應鏈金融、跨境電商等多個領域的資源，形成了一個完整的電子商務生態系統。

　　在金融科技領域，阿里巴巴透過收購和整合螞蟻金服，打造了全球最大的行動支付平臺和金融科技公司。螞蟻金服透過整合支付寶、餘額寶、芝麻信用等多個業務，提供了支付、理財、貸款、保險等多種金融服務。

　　在雲端運算領域，阿里巴巴透過收購和整合阿里雲，打造了全球領先的雲端運算平臺。阿里雲透過整合運算、儲存、網路、安全等多個領域的資源，為企業和個人提供了高效、穩定、安全的雲端運算服務。

　　在數位媒體和娛樂領域，阿里巴巴透過收購和整合優酷土豆、阿里影業、阿里音樂等多個平臺，打造了一個完整的數位媒體和娛樂生態系統。此外，阿里巴巴還透過投資和合作，整合了遊戲、文學、動漫等多個領域的資源，形成了一個多元化的數位娛樂生態系統。

　　透過一系列的企業整合，阿里巴巴實現了業務的快速擴張和協同發展，成為全球領先的科技公司之一。

第三節　總部型領導者職責：董事長和總經理分工明確

由此來看，總部型商業模式是集資源、資訊、技術等於一身，統籌規劃，協同作戰，統一管理。在這種模式的運作下，總部具有決策權和權力分配能力，可以統籌規劃公司策略和資源配置，透過各種方式整合公司內外資源，形成協同效應。同時，總部建立資料管理系統，實現智慧化管理和決策，在大量資料分析基礎上集中研發設計等創新活動，提高產品品質和技術內容。最後，透過規模效應降低成本，並實現供應鏈最佳化。

企業在進入總部型時，原本集董事長和總經理於一身的職責開始分由兩人承擔，總經理負責企業日常管理，保證整個系統穩定執行，而董事長則是更多地看向未來──企業的未來走向哪裡！這一時期，董事長開始思考長期主義、共生長青，並與外部顧問公司形成策略合作。

第六章　人才培育核心：責任在手，成在顧問導師

第四節　企業轉型的舵手：創始人升級成長變現

企業從一種商業模式升級轉型為另一種商業模式，本質上是董事長成長升級的變現。

小米公司的創始人雷軍透過不斷升級和成長，實現了從創業者到企業家的轉變，並成功將公司帶向了新的高度。

雷軍在創立小米之前，已經是一位成功的企業家和投資人。他於2010年創立了小米公司，起初主要生產智慧型手機。隨著公司的發展，雷軍逐漸將業務擴展至智慧家居、消費電子和網路服務等領域。

在公司發展過程中，雷軍不斷學習和升級自己的管理和領導能力。他注重技術創新和產品研發，透過不斷推出具有競爭力的產品，贏得了消費者的青睞。同時，他也注重品牌建設和市場行銷，透過多種管道提升品牌知名度和影響力。

除了在公司內部的成長，雷軍還積極參與行業交流和合作，與其他企業家和科技公司建立了良好的合作關係。他透過不斷學習和借鑑其他公司的成功經驗，不斷完善自己的管理和領導能力。

隨著公司的不斷發展壯大，雷軍也逐漸實現了個人的成長和變現。他的個人財富和社會地位得到了提升，同時為社會創造了更多的就業機會和經濟價值。

雷軍透過不斷升級和成長，實現了從創業者到企業家的轉變，並成功將小米公司帶向了新的高度。由此可見，創始人的成長和升級是企業成功的關鍵之一，只有不斷學習和進步，才能在激烈的市場競爭中立於不敗之地。

第四節　企業轉型的舵手：創始人升級成長變現

　　由於董事長正是承載企業轉型升級的舵手，要一手掌握創業團隊建設，一手掌握組織體系建設。所以，企業轉型升級需要董事長的層級逐漸提升。

　　一般來說，董事長整體分為上三段和下三段；上三段就是創業團隊，即第三段創團型董事長、第二段資源型董事長和第一段趨勢型董事長；下三段就是組織系統，即第六段業務型董事長、第五段組織型董事長和第四段規劃型董事長，如圖 6-6 所示。

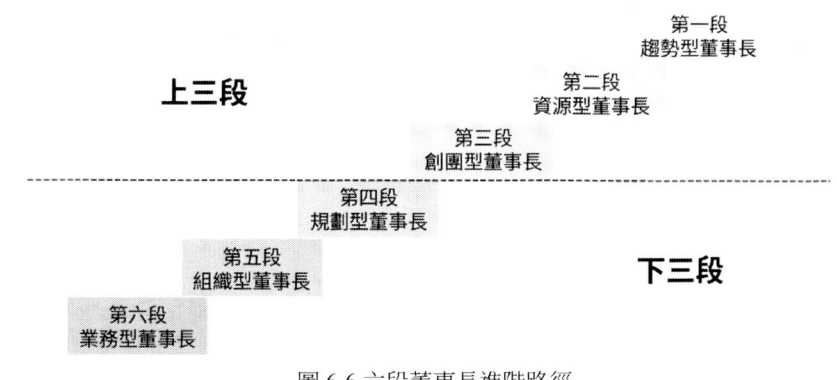

圖 6-6 六段董事長進階路徑

1. 組織系統

　　第六段業務型董事長的核心特徵是聚焦業務，著力於開拓客戶、行銷建模和售後服務。業務型董事長對其公司所處的行業和具體業務十分熟悉，並且具備一定的技術能力，因此往往能夠和客戶進行卓有成效的溝通和成交。在團隊建設中，由於他們將精力主要聚焦在業務上，可能對交付系統和支持系統缺乏重視和建設。

　　第五段組織型董事長的核心特徵是聚焦組織，著力於內部組織各系統的建設。組織型董事長往往具有超強的全局意識和團隊意識。他們認為，獨木不成林、一人不成軍，而且只有站在全局的高度統籌協調各系

第六章　人才培育核心：責任在手，成在顧問導師

統工作才能使公司執行穩健。因此，組織型董事長十分重視行銷、交付和支持系統的專業化建設，對各系統之間的通力合作會傾注大量心力。

第四段規劃型董事長的核心特徵是聚焦規劃，著力於企業整體的轉型升級。規劃型董事長往往具有全局視野和整體思維，他們習慣從整體上掌握問題，因此在推動企業發展過程時不會透過建設某一個系統或解決某一個問題，而是站在行業發展的維度推動企業轉型升級。同時，規劃型董事長具備強烈的風險意識，對系統潛在的漏洞和問題能夠敏銳洞察，並及時採取措施有效防範和化解。

2. 創業團隊

升級到第三段創團型董事長就意味著進入創業團隊，經營企業從經營「事」轉向了經營「人」。創業團隊的穩定和強大直接影響企業能否基業長青，就其核心聚焦點可分為組織建模型、資源升級型和趨勢掌控型。

第三段創團型董事長的核心特徵是聚焦內部創業團隊，著力於內部組織的管理、經營和策略的建模。創團型董事長最擅長的就是挖角，與規劃型董事長的區別就在於規劃型董事長重視內部培養人才，而創團型董事長則是十分重視企業新血的輸入。創團型董事長會根據企業發展策略多維度配置相應的人才，比如外聘高階主管、顧問等。這樣一來，企業發展的速度會大大提升。

第二段資源型董事長的核心特徵是聚焦外部資源團隊，著力於外部資源的升級。由於創業團隊需要外部資源的賦能，否則很多問題解決不了，因此資源型董事長十分重視外部資源團隊的建設。

第一段趨勢型董事長的核心特徵是聚焦行業上下游，著力於政府、商業和行業趨勢的研究和提前布局。

第五節
董事長勝任力模型：商業六環羅盤

我們建立的商業六環羅盤，作用就是幫助企業董事長提升，董事長可以更加系統性地進行領袖升級重塑、組織升級再造和機制持續改善升級。他們可以關注商業布局的重塑，改良資源結構，並建立起強大的創業團隊。同時，透過策略規劃再造、組織結構再造和合作模式再造，提升組織的效能和競爭力。

在機制持續改善升級方面，注重流程管理、營運執行和能力複製的升級，確保公司的高效運轉和持續發展，實現公司的長期成功，如圖6-7所示。

第一段：布局團隊重塑
　　通透政治布局創團
　　通透商業布局創團
　　通透產業布局創團
　　　　　　　　　　　第一段
　　　　　　　　　　趨勢型董事長

第二段：資源團隊重塑
　　拓展商業升級資源創團
　　拓展企業經營資源創團
　　拓展業務拓展資源創團
　　　　　　　　　　　第二段
　　　　　　　　　　資源型董事長

第三段：創業團隊重塑
　　建立策略突破創團
　　建立經營突破創團
　　建立管理突破創團
　　　　　　　　　　　第三段
　　　　　　　　　　創團型董事長

第四段：組織規劃再造
　　制定三年企業規劃落實系統
　　制定兩年人才規劃落實系統
　　制定一年經營規劃落實系統
　　　　　　　　　　　第四段
　　　　　　　　　　規劃型董事長

第五段：組織治理再造
　　建立目標管控之體系結構
　　建立職業標準之體系結構
　　建立營運規範之體系結構
　　　　　　　　　　　第五段
　　　　　　　　　　組織型董事長

第六段：組織合作再造
　　建立客戶管道合作業務模型
　　建立客戶行銷團隊業務模型
　　建立客戶銷售直接業務模型
　　　　　　　　　　　第六段
　　　　　　　　　　業務型董事長

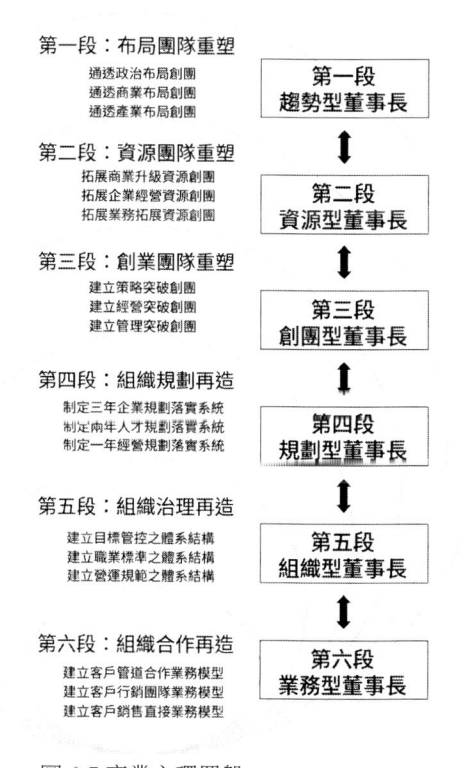

圖6-7 商業六環羅盤

第六章　人才培育核心：責任在手，成在顧問導師

商業六環羅盤代表了六段董事長的升級路徑。其中，最低段位是業務型董事長，即第六段。段位越高，董事長的程度越高。對於中小企業而言，主要講述這六段。

下面我們從低到高來一一闡述六段董事長的升級路徑，如圖6-8所示。

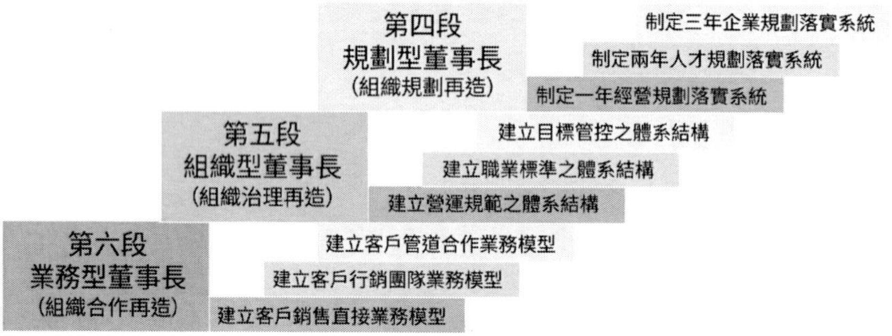

```
                    第四段              制定三年企業規劃落實系統
                  規劃型董事長          制定兩年人才規劃落實系統
                  (組織規劃再造)        制定一年經營規劃落實系統
            第五段               建立目標管控之體系結構
          組織型董事長            建立職業標準之體系結構
          (組織治理再造)          建立營運規範之體系結構
   第六段                  建立客戶管道合作業務模型
  業務型董事長              建立客戶行銷團隊業務模型
  (組織合作再造)            建立客戶銷售直接業務模型
```

圖 6-8 六段董事長的升級路徑

第六段：業務型董事長

業務型董事長，即企業負責人，在六段中又分為三個層面。

(1) 建立客戶銷售直接業務模型

董事長會建立直接銷售業務模型，自行尋找客戶，並將其歸納為一種業務模型，涵蓋如何找客戶、與客戶溝通及成交方法等，此為建立客戶銷售直接業務模型，主要由他們自己完成，最多帶上一、兩個助手配合。

(2) 建立客戶行銷團隊業務模型

步入更高層面，即建立客戶行銷團隊。此前由董事長攜兩位助手推展業務，現今有了行銷團隊，普通業務團隊便可自行成交，重要業務則透過團隊的工作模型處理。該團隊具備團隊工作的分工合作模式，包括商務部、市場部、業務部和專業服務部等職位。

市場部負責收集資訊、資料並建立關係，使客戶對企業產生信任，而不直接銷售產品；業務部在客戶對企業具備一定信任後開始談合作；談妥合作後，專業服務團隊會接手，處理專業問題並提供服務。商務部統籌這些職位，並負責與客戶及內部的銜接。團隊會將客戶分為 A、B、C 三類，不同人員服務不同客戶並進行銷售。這種以團隊形式推展業務的方式稱為團隊業務，此前主要是領導者帶兩、三個人一起做服務，團隊本身並不具備成交和做業務的能力。

(3) 建立客戶管道合作業務模型

更高層次的業務型董事長，在六段中每段所採用的方式各異。他們會開拓和客戶管道的合作模式，即不只是自身擁有團隊，還與眾多管道合作，提供關鍵支持與交付，攜手開發客戶，稱為客戶管道合作的業務模型。這種永遠將自身定位在生存階段。

第五段：組織型董事長

董事長升級成為組織型董事長後，這時企業欲做大規模，需要建構目標管控體系，即建立營運規範，將流程、標準、組織架構、職位職責等全部確立標準，以實現發展和複製，包括三個層面的標準。

(1) 建立營運規範之體系結構

營運包括組織架構、流程、工具方法等方面的標準化，這是事的標準化。

(2) 建立職業標準之體系結構

職業標準體系，即對人的標準化，要根據組織需求將人訓練成完全符合流程和職位的人，這是職業化建設。

(3) 建立目標管控之體系結構

目標管控包括目標設定、分解、追蹤、檢測、檢討回顧、修改等一系列標準化，這是第三級標準化。

從邏輯上看，有事的標準化，即人的職業訓練標準化，還有目標的整體設計、分解、追蹤、實施以及目標的檢測、檢討回顧、修改等標準化。

第四段：規劃型董事長

規劃型董事長負責發展規劃，這些規劃均具備落實系統，需明確落實實施的方法。總結如下。

(1) 制定一年經營規劃落實系統

企業規劃方面，一年的經營目標規劃，包括制定一年的經營規劃，如增添設備、專案、人員等，旨在實現業務規模的擴張等。

(2) 制定兩年人才規劃落實系統

為了企業發展，要提前進行人才規劃，比業務和經營規劃要提早一年。

更高層次的規劃型董事長不僅要進行經營規劃，還要制定人才規劃，推展兩年的人才規劃。比如，財務部門和業務部門的人才計畫，以及人才從外部延攬或內部培養等。人才進入企業後，尤其是高階人才，可能需要數月甚至一年時間才能成熟並融入體系，成熟後便可承載經營規劃。

(3) 制定三年企業規劃落實系統

　　三年的企業規劃即企業轉型升級的規劃。更高段位的董事長，要制定三年後的企業規劃，明確企業的發展方向。有的企業只能做經營規劃，在過程中會發現缺人，導致專案無法承載，這是只有經營規劃、沒有人才規劃的企業會出現的問題，還有的企業沒有轉型規劃，企業會在原地打轉，仍採用原有的模型和規劃。

　　多數人對生意型企業的董事長的職位職責不甚了解。我們講到六段時，曾提及董事長的職位職責，或許有人會疑惑董事長是否負責業績、團隊建設。事實上，董事長具有多種職責，而最為關鍵的職責是承擔企業轉型升級，也就是將生意型轉變為經營型，其整個商業邏輯和商業賽道都截然不同，如此便能實現 3 倍業績成長，這便是董事長的職責所在。董事長的成長邏輯，是從個體型發展至生意型，再提升到經營型、總部型，最終進階為集團型。這些前文已述，在此不再詳述。這裡需要著重強調的是董事長所承擔的企業轉型責任，即承擔企業轉型升級的責任。

　　董事長的段位存在不全或不高的情況，是決定企業是否倒閉的關鍵因素。

　　何謂段位不全？譬如，某位董事長處於第四段，他在外界結識眾多人士，擁有豐富資源，然而內部卻無人承接，也就是內部沒有創業團隊。這可能引發以下幾個問題：

　　第一，外部資源雖多，但內部缺乏承載團隊，致使這些資源無法應用；第二，雖有創業團隊，卻未做詳盡規劃，即有第三段而無第二段，這意味著雖然有眾多高手且具備段位，但沒有制定詳細規劃，企業的發展方向不明晰，創業團隊便難以發揮作用，導致無法獲得成果，如圖 6-9 所示。

第六章 人才培育核心：責任在手，成在顧問導師

```
第一段
趨勢型董事長         通透政治布局創團
(布局團隊重塑)       通透商業布局創團
                    通透產業布局創團
    第二段
    資源型董事長     拓展商業升級資源創團
    (資源團隊重塑)   拓展企業經營資源創團
                    拓展業務拓展資源創團
        第三段
        創團型董事長 建立企業總裁水準策略突破創團
        (創業團隊重塑) 建立企業總裁水準策略突破創團
                    建立部門總監水準管理突破創團
```

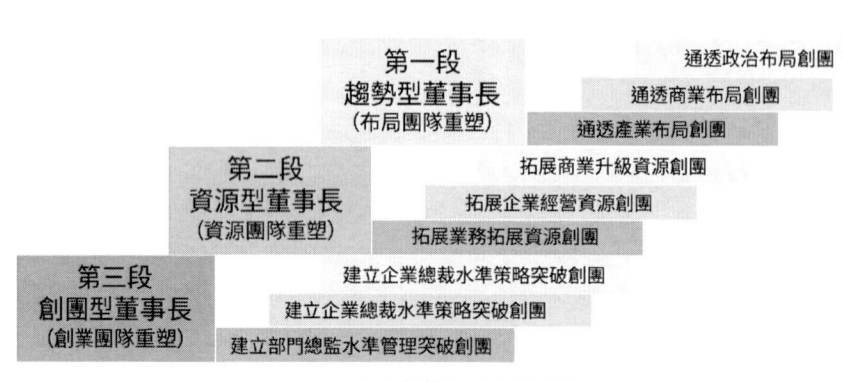

圖 6-9 六段董事長升級路徑

第三段：創團型董事長

第三段是以人為核心，稱為「建立三團」。此類人透過建立創業團隊來完成規劃，建構更大的系統，推展更大規模的行銷。

(1) 建立部門總監水準的管理突破創團

管理型董事長需要把系統建立完備，並且能夠在此基礎上進行改良和完善。

(2) 建立營運總經理水準的經營突破創團

經營型董事長是在設計好架構、配備好資源的基礎上進行突破，其自身無法設計，也難以找到資源。而創業策略型董事長既能解決事情，也能找到資源。經營型董事長需要為其設置架構、配備資源，並提供關鍵支持，才能獨當一面進行突破。

(3) 建立企業總裁水準的策略突破創團

策略突破創團是指董事長無法或不懂的事情，需要組成團隊交由他人完成。例如，董事長不擅長組織建設，便可建立策略團隊，由擅長的

人負責，藉助價值觀、未來格局等，讓不擅長領域的人協助突破，即邀請策略型合夥人負責團隊建設。這就是策略創團，可解決企業基因突破問題，即董事長不具備的基因。

企業的存在或是發展需要董事長達到第三段，第三段包含第四段、第五段和第六段。如果企業領導者僅專注於某一個環節，而未能將第三段、第四段、第五段和第六段融會貫通，那麼企業就會湧現諸多問題。例如，有的董事長僅喜歡吸引人才，跟他們講故事、談理念、聊未來，憑藉自身格局吸引人才，但他們對制定詳細規劃缺乏興趣，不參與組織建設，也不涉足業務，只專注第三環，那就會致使底層出現大量問題。

合格的董事長，如第三段董事長，需要將第三段到第四段、第五段全部貫通。優秀的董事長，則需要將第四、第五、第六段全部貫通。若未貫通，那麼其吸引來的人就無法有效發揮作用。

第二段：資源型董事長

第四段、第五段、第六段的董事長所要掌握的事項，全部與人相關。第三段董事長關注的是內部人員，在企業內部建構強大的系統。第二段董事長關注的則是外部人員，透過外部的資源為企業賦能，並聯手外部人員把一些市場做大做強，此為第二段董事長，即資源型董事長，建立資源創團主要包括以下幾點。

(1) 拓展業務拓展資源創團

資源型團隊是資源創團，他們不在企業內部，而是透過整合業務資源，眾人共同發展業務。這種資源對於企業的發展極為關鍵，並非普通業務。他們能夠助力企業增添新的產品線，或者將產品升級至更高層級，從而拓展更廣闊的市場。這些資源可以是直接客戶，也可以是間接客戶。總之，能夠幫助企業提升銷售維度，或者向其他市場擴張。這種

第六章　人才培育核心：責任在手，成在顧問導師

資源創團有助於企業提高經營水準，他們還能夠協助企業提升管理能力，實現資源的持續更新創造。這些都屬於資源型團隊。

(2) 拓展企業經營資源創團

資源型董事長還要進行行業布局，即進行行業經營資源的整合，也就是協助處理上下游企業經營的問題。實則是向上下游企業延伸。在行業中被稱為產業鏈延伸，也可稱作產業布局，是產業鏈布局。

(3) 拓展商業升級資源創團

企業要進行商業模式的轉型升級，必須懂得商業底層邏輯，如何讓企業降本增效、轉型升級。擁有創業團隊後，還需制定詳細規劃，如三年、兩年、一年的規劃。若規劃不清晰，會致使這些團隊難以發揮作用。這便是高層是高段位但底層缺失的例證。底層缺失一層，企業就會出現問題。而第二段董事長能夠勝任並且解決這些問題。

第一段：趨勢型董事長

古人說，謀大事者首重格局。第一段董事長不僅要做好商業布局，懂得所在行業的發展趨勢，而且要敏銳地洞見商業局勢和政治變化，並作相應的布局。換言之，董事長要有政府籌碼、商業籌碼等智慧。

(1) 通透產業布局創團

行業籌碼就是真正懂得行業的內在發展規律和趨勢。換句話說，就是要能判斷未來三年到五年哪一個行業好做，產業鏈的哪一個部分好做，只有洞見才能凝聚和整合人財物資源團隊，進而引進人才和建立自己的創業團隊。

(2) 通透商業布局創團

總部董事長的格局大，他的商業智慧就深遠，那麼他對行業、商業以及政治的理解自然就會很深，因此必然會洞見與布局大勢所趨之事業，確保成功機率最大化投資。

(3) 通透政府布局創團

政府籌碼就是要懂得政府相關資源、了解政府治理的模式和趨勢，以及政府可能對企業扶持的部分。也就是依照政府治理的方式，提前進行規劃。

政府倡導哪些專案，企業就要儘早進行規劃；政府淘汰哪些專案，企業也要依照政府的要求來布局。政府所需之物，也要提前布局，如此企業才能順應趨勢，董事長也才能輕鬆。

另外，也有一部分第二段董事長未能與時俱進，沒有考慮在諸多方面的持續發展，企業便會陷入停滯，甚至被淘汰。

如今，企業若要存續，就必須擁有三段位的董事長。往昔那種第六段、第五段、第四段的董事長模式已行不通。如今做事，一個企業不能僅依靠個人去尋求突破，往昔或許他處於第三段、第二段，或者並非第六段、第五段、第四段，卻也能靠個人實現突破，這相當於一種方法，就是個人的行銷需要突破，如圖 6-10 所示。

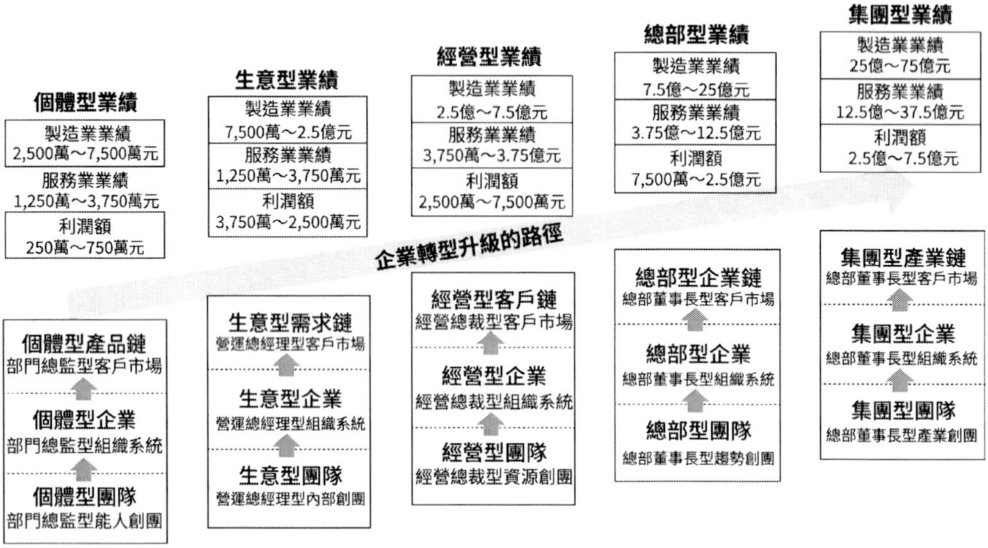

第六章 人才培育核心：責任在手，成在顧問導師

個體型業績
- 製造業業績 2,500萬～7,500萬元
- 服務業業績 1,250萬～3,750萬元
- 利潤額 250萬～750萬元

生意型業績
- 製造業業績 7,500萬～2.5億元
- 服務業業績 1,250萬～3,750萬元
- 利潤額 3,750萬～2,500萬元

經營型業績
- 製造業業績 2.5億～7.5億元
- 服務業業績 3,750萬～3.75億元
- 利潤額 2,500萬～7,500萬元

總部型業績
- 製造業業績 7.5億～25億元
- 服務業業績 3.75億～12.5億元
- 利潤額 7,500萬～2.5億元

集團型業績
- 製造業業績 25億～75億元
- 服務業業績 12.5億～37.5億元
- 利潤額 2.5億～7.5億元

企業轉型升級的路徑

個體型產品鏈 部門總監客戶市場
個體型企業 部門總監型組織系統
個體型團隊 部門總監型能人創團

生意型需求鏈 營運總經理型客戶市場
生意型企業 營運總經理型組織系統
生意型團隊 營運總經理型內部創團

經營型客戶鏈 經營總裁型客戶市場
經營型企業 經營總裁型組織系統
經營型團隊 經營總裁型資源創團

總部型企業鏈 總部董事長型客戶市場
總部型企業 總部董事長型組織系統
總部型團隊 總部董事長型趨勢創團

集團型產業鏈 總部董事長型客戶市場
集團型企業 總部董事長型組織系統
集團型團隊 總部董事長型產業創團

圖 6-10 企業轉型升級的路徑

當下市場競爭日趨激烈，企業想發展不能僅依靠老闆一人去做事，而應依靠一個核心團隊。能夠存活下來的企業，起步就是第三段董事長。若要發展良好則需要第二段董事長。發展良好，其外部有持續發展的推動力，能夠為其賦予能量，使其得以持續發展。針對企業，我們會詳細診斷其處於何種段位，欠缺哪些方面，然後進行相應的補充和突破。

第七章
破除三種需求阻礙：
人才升級的內在阻礙

第七章 破除三種需求阻礙：人才升級的內在阻礙

第一節
人才升級內在阻礙：三種需求阻礙

　　所謂「需求阻礙」，就是阻礙一個人成長和發展的內在對立力量。前文我們已經講過，人才責任勝任力升級主要由兩部分組成，一是由「小我」變成「大我」；二是由「假承擔的人」變成「真承擔的人」。「假承擔的人」對現實沒有現實感，對現實的能力、對自己的能力、對別人的能力沒有精準的評估，對商業的邏輯也沒有實務的提煉，完全活在自己的理想之中，所以付出很多，得到的結果卻非常少。在「小我」變成「大我」之前，先要「假承擔的人」變成「真承擔的人」，即我們要有客觀評估自己的能力，對世界要有精準的認知，能夠用數位化的模型了解人、事、物，只有變成「真承擔的人」之後，「小我」才知道成長的路徑，懂得如何先從「小我」變成「大我」，以點亮我們的生命，建立更高的生命品質。

　　「假承擔的人」變成「真承擔的人」會遇到三大需求阻礙，我們先從一個寓言來展開介紹，讓大家更容易理解三大需求阻礙。

　　有一隻飢餓的狐狸看到養雞場裡有很多隻雞，就打起了歪主意，他在養雞場山崖邊上立了一塊碑，上面寫了一句充滿鬥志的話：「不勇敢地飛下去，你怎麼知道自己不是一隻搏擊長空的鷹？」

　　狐狸寫好後，就到崖底等待。果然，從那以後，狐狸每天都能在崖底吃到摔死的雞！

　　這個故事告訴我們：不要被那些勵志的言語呼攏，更不要被別人的成功經驗蒙蔽。並不是勵志的話有錯，也不是別人的成功不可以借鑑，而是我們看到的大多只是表象。只有認清自己，清醒地做自己，踏踏實實做事，才有可能獲得屬於自己的成功，否則會輸得很慘，因為成功是

第一節　人才升級內在阻礙：三種需求阻礙

腳踏實地地做出來的，需要很多因素共同作用才能促成，並不像表象那麼美好。

有些事物表象之美，大多是人們想像出來的。「假承擔的人」是活在自己的概念之中，對自己沒有客觀清楚的認知，因此「假承擔的人」長期停滯不前，在家庭、事業、人生之中會不斷地受到更大的挫折。儘管「世界那麼大」，但認清自己非常重要。認清自己是「真承擔的人」成長的開始。我是誰？我能去哪裡？我該怎麼去？

「假承擔的人」變成「真承擔的人」會遇到三大需求阻礙，即依賴需求阻礙、認可需求阻礙、改造需求阻礙，如圖 7-1 所示。

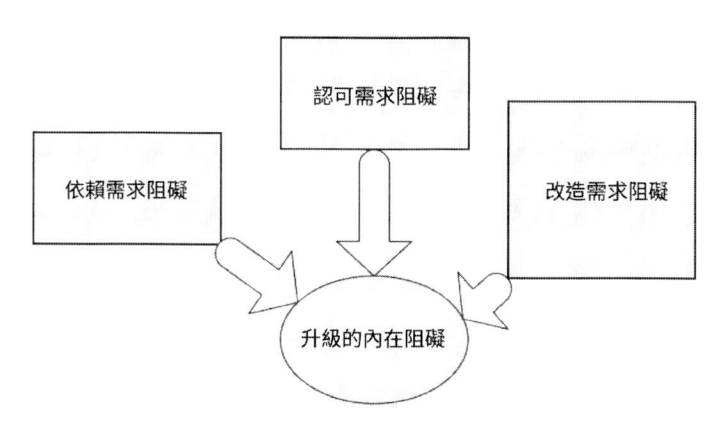

圖 7-1 阻礙人才升級的三大需求阻礙

這三人需求阻礙會導致人們無法走向真承擔的人，不能客觀地了解自己，無法踏上真承擔的的成長之路。若想走向真承擔的人，就要破解三大需求阻礙。

第二節　破除「依賴需求阻礙」：擔起自己成長的責任

深度地分析「假承擔的人」的核心特點，能讓人們明白依賴需求阻礙是如何阻礙我們成長為「大我」的。「假承擔的人」的核心特點是無法精準地判斷人與事物的發展規律，更多的是他有自己的想法，他以自己的想法要求世界。當一個人不能精準地判斷每個人的核心能力時，「假承擔的人」往往會按他自己的想法去要求別人：你應該做到什麼。

一個人一旦按照自己的想法去要求別人，就會有極大的心理落差，就是說「假承擔的人」認為你應該做得到，但是實際上由於他沒有精準判斷的能力，他就會對對方有強烈的需求和依賴，依賴對方把這個事情做到。同時，「假承擔的人」對人的性格也是沒有精準掌握的。這個人性格裡擅長做什麼，不擅長做什麼，「假承擔的人」沒有明確的把握。那麼在他跟人互動時，內心就會有一種強烈的依賴感，依賴上級、依賴下級、依賴平級，如圖 7-2 所示。

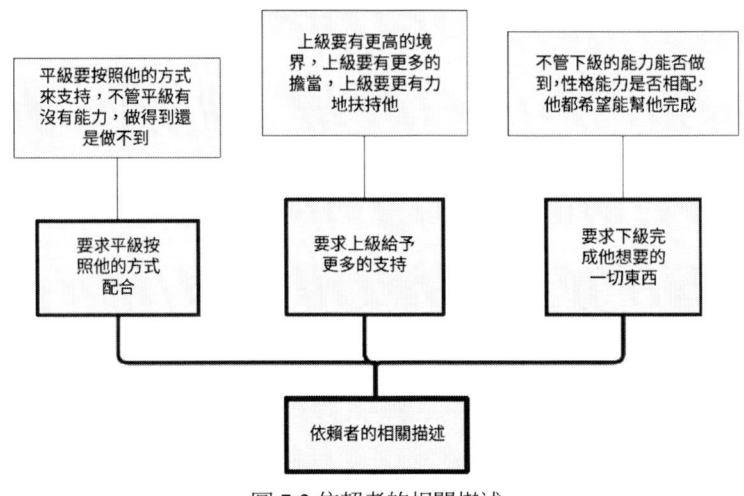

圖 7-2 依賴者的相關描述

第二節　破除「依賴需求阻礙」：擔起自己成長的責任

「假承擔的人」覺得你就應該是這樣的，你就應該這麼做。所以，「假承擔的人」對周圍的人有強烈的需求，這種要求會變成一種深深的依賴。這種依賴的結果就是會讓他遭受很多挫折，平級不配合他，上級給不到他想要的支持，下級也沒有辦法完成他想要的一切東西。他經常感覺很受傷，因為他付出了，只是他不了解對方要什麼，下級要什麼，平級要什麼，上級要什麼，他都不知道，但我就給你我認為你要的東西，結果給的不是對方要的，要的也是別人不能給的，他的生命常常受到很多挫折。

那麼，如何克服「假承擔的人」呢？

「假承擔的人」要深刻地反思自己，並努力打掉依賴心的核心。打掉依賴心的核心需要做到以下幾點，如圖 7-3 所示。

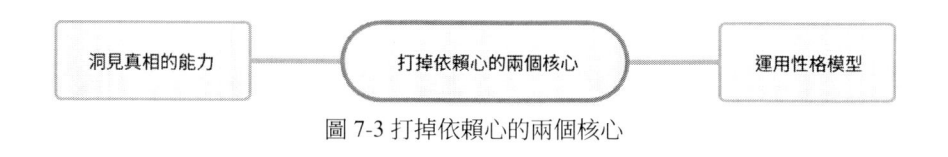

洞見真相的能力　→　打掉依賴心的兩個核心　→　運用性格模型

圖 7-3 打掉依賴心的兩個核心

1. 洞見真相的能力

要有洞見真相的能力，在這個能力上，別人能給多少我們就收多少，同時要心懷感恩。這樣才能了解一個人的性格和興趣愛好，擅長的事情，比如，有的人溝通能力強可以去做公關，有的人擅長做管理，有的擅長做行銷等等。數位化模型在這個時候要精準地運用，只有做到精準地識人，才會用人。

2. 運用性格模型

除了數位化模型，還有性格模型。比如，有的人性格外向，擅長社交；有的人性格內向，喜歡自己做一些技術性工作，等等。當我們開始看到真相的時候，也就不會對任何人產生依賴了，也開始懂得任何人對於我們的幫助都是助緣，不會對他人有任何過高的期待了。

我們要對自己的生命負起全責，因為我們沒有辦法給別人所有想要的支持，我們只能是別人的助緣，別人也是我們的助緣。依賴他人會受到挫折，想為別人負全責的人也將受到極大的挫折和傷害，所以，很多人會說有些人沒良心，不懂得感恩，其實這些都不是問題的關鍵，實際上是你想為對方負起全責。

每個人的需求是不一樣的，每個人的需求變化也是不一樣的，你今天能給他想要的東西，似乎是負了全責，但是他明天的需求又會放大 10 倍，那你就滿足不了他了，所以我們的定位是大家是彼此的助緣。只有這樣，彼此才能和諧相處。

如果進一步延伸，在工作中，不能去依賴別人；在生活中，也不能依賴別人。當你對伴侶沒有依賴時，你就能很客觀地看待他能給你什麼愛，你就享受什麼愛。剩下的其他需求，你就要自己去挖掘，只有這樣你才能真正獲得幸福。

有一個學員希望買一間大房子，但是她的伴侶只是一名普通的上班族，一個月薪水只有幾萬元，但是他們有政府提供的社會住宅，每個月的租金也不高，她的老公覺得不錯，沒有什麼壓力，生活也挺安逸。

然而她非常不滿，抱怨伴侶沒出息，不能改善居住環境，兩個人經常為此爭吵。她怨伴侶不能實現她住大房子的夢想。我替她輔導時問她，誰想要房子？她說是她想要。我問她，誰該為這個房子負責？她

說，家庭的每個成員都該負責。

我繼續問她誰想要房子？她說她想要。我繼續問她，誰該負責？她說，家庭的每個成員都該負責。我就這樣連問了她10遍之後，她開始進行反思，發現只是她想要大房子，並不是家庭的共同目標。

如果你希望家庭幸福，就需要全家有共同的目標，透過全家共同的努力去實現；你個人的目標，你要負起責任，不要藉助婚姻來圓你的夢想。她明白這個道理之後就不再找伴侶的麻煩。她透過提升自己的層級，讓收入以每年50％、100％的速度成長。5年以後她換了更大的房子，婚姻也越來越和諧。

這個案例告訴我們，共識的目標一起承擔，非共識的目標各自承擔，這就是婚姻和諧相處的祕訣。你要想幸福，要想獲得結果，是不能對別人有期待，不能指望別人。如果是大家共識的目標，大家共同努力；不是共識的目標，就要靠自己去努力。

所以，要破解依賴需求阻礙，最重要的就是擔當起自己生命的責任。每個人的欲望和需求都值得尊重，但是這份欲望和需求需要自己承擔相應的責任。所有的人都是你的助緣，你要勇於擔當。只有這樣，你才會發現自己越擔當越進入一個藍海的世界，你想要的結果就越能得到滿足。

第七章　破除三種需求阻礙：人才升級的內在阻礙

第三節　破除「認可需求阻礙」：為他人持續創造價值

認可心魔是「假承擔的人」變成「真承擔的人」遇到的第二大阻礙。認可需求阻礙的特點是追求認可，希望在他人心目中塑造很好的形象，希望別人給他面子。這只是一個表象，表象背後的本質是，他特別害怕別人的否定。如果有人指出他的短處，他就會不斷地去解釋。他很難接受別人指出他的缺點，對他進行否定，這是其一。

其二，認可需求阻礙的人不肯把自己的短處、不足之處說出來，他們更不希望讓別人知道關於自己負面的消息，他希望別人只看到他的優點、強項，看到他美好的未來。

那麼，這些表象背後的本質是什麼？

他在維持一個假象，想在他人心目中始終是一個好的形象。在這種認可心魔驅使下，自己也越來越活在假象之中，因為他會不斷淡化自己的缺點和不足，同時過分放大自己的優點和強項，長此以往的結果便是他的「假承擔的人」越來越強，落實能力越來越差。他的實際實力和他表現出來的實力是有差別的。

追求認可需求阻礙的人，在短期之內用他塑造的形象吸引了很多的人，但時間長了以後，人們會發現，他說的和他做的完全不一樣。

我有一個學員的「假承擔的人」非常嚴重。他跟人打交道的原則，就是對方要什麼他都能給。對方要錢，他有辦法讓對方賺到錢；對方要資源，他有很多資源介紹給對方；對方要管道，他有很多管道提供給對方……他總是把自己塑造成「完美」的強者形象。很多人非常崇拜他，願意跟他成為朋友。

第三節 破除「認可需求阻礙」：為他人持續創造價值

時間久了之後，大家就會發現他說的和他的實力之間是有差別的，他說的都是假話，光說不做，他這個人不值得信賴，便跟他開始疏遠。

認可需求阻礙的人自我催眠很嚴重，很難實現自我成長，因為他沒有真正意識到自己是誰，所以他就沒有辦法踏上成長之路。

「假承擔的人」成長只是假象，他不了解自己的優點、缺點、長處、短處等。所以，認可需求阻礙的人在短期內會獲益，長期則會對自己造成很大的傷害。

「求名者名利雙失，求利者名利雙收。」這句話告訴我們，求利者就是真的要獲得結果，獲得更大的實實在在的結果，你就會名利雙收。

什麼叫獲得結果呢？就是說你要由「小我」走向更大的「大我」，你就會獲得更大的結果，但前提是要客觀地了解自己，這叫做「求利者名利雙收」。

可以說，認可需求阻礙影響了生命的發展。這些人只想在自我包裝上下工夫，很難在自己的真實實力上下工夫，這對自己的一生傷害是非常大的。

因為他斷了由「小我」成長為「大我」的很多機緣，就沒有辦法讓生命的光芒得以綻放，讓心靈更高的品質得以展現。

那麼，如何破解認可需求阻礙呢？

在人與人的關係之中，我們需要做到兩點，如圖 7-4 所示。

```
         為他人持續創造價值
                │
        ┌───────┴───────┐
        │ 破解「認可需求阻礙」│
        └───────┬───────┘
                │
         向他人提供價值
```

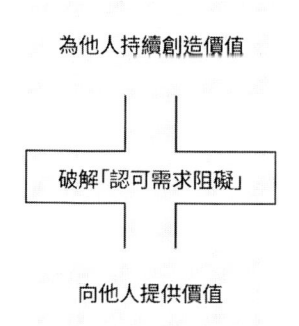

圖 7-4 破解「認可需求阻礙」的方法

第七章　破除三種需求阻礙：人才升級的內在阻礙

1. 向他人提供價值

不要強求他人的認可，而是你能向他人提供所需要的價值，這樣你在他人心目中的位置就會穩如泰山。你提供的價值越多，別人就會對你越尊重。

為他人創造更多價值，是我們行走江湖最重要的路徑。也就是說，創造價值是真我的核心理念、核心行為。

2. 為他人持續創造價值

我不管你是否認可我，我要不斷地去展現自己的價值。你現在不認可我，總有一天，你會認可我，因為我為你創造了價值；你現在不信任我，但是我持續地為你創造價值，最終你也會信任我。無論是在他人心目中，還是在社會上，你的地位都會愈加穩固。

為他人提供價值和創造價值，是真我的核心方法和策略，如果你秉持這種核心的行為模式行走江湖，大愛無敵，在人生之中就不會有敵人，只有朋友、兄弟和親人。

第四節
破除「改造需求阻礙」：點亮大我智慧

改造需求阻礙是「假承擔的人」變成「真承擔的人」，由「小我」走向「大我」的第三大阻礙。改造需求阻礙的人本質上是一種更高層次的依賴，但更不容易覺察其依賴性。他們希望將對方變成自己想要的人，有愛心、有能力、有擔當、善解人意、能處理複雜問題等，還可以帶團隊。

改造需求阻礙的人會不斷地採用說教、指責和要求，甚至更嚴重的責難，目的就是想把對方改造成我想要的人，也不管對方是什麼樣的基礎，不管對方是否有意願。只要對方變成他想要的人，那麼他的結果就能實現。

我有一位學員，她和伴侶剛在一起時，覺得幸福甜蜜。當她踏入社會，接觸更多的人和事物後，欲望開始膨脹，她渴望得到更多尊重、社會地位和物質享受，想要名車豪宅。但她沒有選擇透過自己的努力去實現這些願望，而是希望改造伴侶來滿足自己的需求。

於是她開始否定和指責伴侶，她的伴侶一開始還能接受她的意見並努力改變，但隨著她改造需求阻礙越來越強，伴侶發現自己已經無法達到她的期望就放棄了。兩人之間的衝突急遽惡化，家裡變得雞犬不寧。

我在與這位學員進行交流後告訴她，改變別人是不切實際的，每個人的生命都是由自己的內在決定的。我們對別人只有影響力，沒有改造的能力。如果強行去改造一個人，最終會導致雙方都受傷害。

在夫妻關係中，我們應該了解彼此的長處和短處，尊重對方的選擇和決定。透過建立良好的溝通相互體諒、相互支持，夫妻之間才能共同成長，建立更加穩固的關係。

第七章　破除三種需求阻礙：人才升級的內在阻礙

這位學員意識到了自己的問題所在，調整好心態，在關注自己的成長和發展的同時，尊重丈夫的選擇。透過相互理解和支持，他們的關係得到改善，家庭氛圍也變得愉悅起來。

改造需求阻礙的人最嚴重的就是用真理、道德來綁架對方，比如，對於「責任感」，他們會要求對方：你要為家庭負責任，你要為團隊負責任，你要對企業負責任，實際上背後的邏輯是想要將對方改造成為他想像中完美的人。所以，改造他人和改造世界一樣，是一條不歸路。

我們在人生中跟人相處，要做到不改造別人，需要點亮「大我」。因為在每個人的生命之中，在「小我」的旁邊都站著一個「大我」，你不是要去改造「小我」，而是要去點亮「大我」。「大我」一旦出來，就像光明出來了，黑暗自然消失一樣，「小我」也會逐漸褪去。所以最重要的是點亮「大我」，讓生命達到更高的段位，打開生命更高層次的智慧。

在我們的生命之中，要接受對方的「小我」，同時點亮對方的「大我」，打開他的智慧。我們可以以身作則去點亮對方，可以說，點亮生命才是我們的關鍵，而不是改造他人。

「小我」是不可能改造的，當我們點亮了生命，「大我」出來的時候，「小我」在我們的生命中所占的比重會越來越小。我們看到千手觀音，就是有一千種點亮對方「大我」的方式，用智慧點亮、用困境點亮、用環境點亮、用愛來點亮等，核心就是喚醒「大我」，點亮生命。未來我們要成為一個點亮生命的人，需要掌握各種點亮生命的方法和策略。

第八章
破除認知阻礙：
企業人才升級的外在阻礙

第八章　破除認知阻礙：企業人才升級的外在阻礙

第一節
解除「中心認知阻礙」：一切以系統為重點

所謂「中心認知阻礙」，簡單地說，就是以自我為中心。「假承擔的人」的人往往帶有「中心認知阻礙」。每個人從「假承擔的人」走向「真承擔的人」，都會面臨五大外在阻礙，無法實現「小我」到「大我」的轉變。

在企業中，以自我為中心的「假承擔的人」的員工是難以成長的，因為他們從不認真鑽研和學習。「中心認知阻礙」的人本質上也是以自我為中心，他們不會包容真實，不去研究他人的能力、意願和需求，只是一味地要求他人服從自己，圍繞自己的意願行動，如圖 8-1 所示。

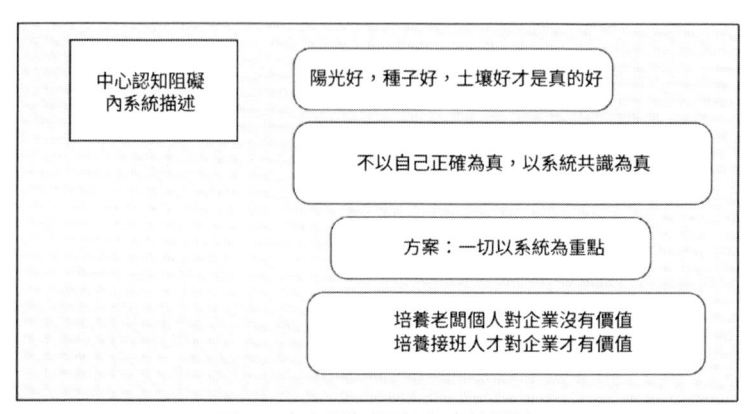

```
┌──────────────┐  ┌──────────────────────────┐
│  中心認知阻礙  │  │ 陽光好，種子好，土壤好才是真的好 │
│   內系統描述   │  └──────────────────────────┘
└──────────────┘  ┌──────────────────────────┐
                  │ 不以自己正確為真，以系統共識為真 │
                  └──────────────────────────┘
                  ┌──────────────────────────┐
                  │      方案：一切以系統為重點      │
                  └──────────────────────────┘
                  ┌──────────────────────────┐
                  │ 培養老闆個人對企業沒有價值       │
                  │ 培養接班人才對企業才有價值       │
                  └──────────────────────────┘
```

圖 8-1 中心認知阻礙內系統描述

種子要長成參天大樹，需要土壤的培植、水的滋潤、充足的陽光和空氣，以及足夠的空間和時間。同樣地，在企業中，與我們相關的人就如同陽光、土壤、空氣和水分，只有大家好，才是真的好。我們要學會包容真實，研究與我們相關的人，了解他們的層次、需求和意願，將大家整合起來，而不是以自我為中心，這就是系統化思維。系統化思維就是包容他人，以大家的合作為中心。

第一節　解除「中心認知阻礙」：一切以系統為重點

有人認為自己能夠包容，卻從不關心他人，不研究他人的實際情況，一味理想化地要求他人。這樣的人其實是「假承擔的人」，無法聚集眾人，也得不到強者的認可。無論是個人還是企業，都需要與周圍的人相互關聯、共同成長。不能為了追求金錢，而忽視了人的生命和健康。

我們要了解到每個人都是相互關聯的，大家好才是真的好。特別是在企業中，要透過系統化思維，包容真實，以合作雙贏為中心，我們才能實現從「小我」到「大我」的轉變，獲得更好的發展。

我輔導過一個企業，這個企業早在多年前營業額就達到了幾千萬元的規模。但企業只有20個人，每個人工作效率都很高。因為他們是超級精兵，每人每天工作十幾個小時，而且是長期如此，下班時間通常是晚上11點左右，這種企業文化的弊端是嚴重透支人的體力。工作可以加班，但不能長期如此，長期下來對人的生命是一種威脅。

大家一年到頭都在出差、加班，特別是老闆，從早上7點工作到深夜。可以說，包括老闆在內的20個人，生活中只有工作。

然而，團隊中有個跟隨他很多年的員工遞交了辭職申請，辭職理由是工作太忙，身體無法承受，沒時間照顧家庭。他不同意，遲遲不批。他實在想不明白，自己給大家的福利待遇這麼高，出差和加班補助那麼高，為什麼還有人提出辭職。為此，他跟對方產生過各種誤會和衝突。

我就建議他，拿出一部分錢多聘請一些員工，減少老員工的工作時間，讓大家一天中至少要有百分之二十的時間用於休息或陪伴家人。他理解到只有這樣，企業才能專業化，打持久戰，遂採納了這種調整意見。

原來，他也是覺得工作太累了，自己想「躺平」，又擔心企業被同行超越，於是就要別人拚命加班。在我的建議下，他的企業建立了體系，建立好人才團隊，現在企業已經步入正軌，員工的滿意度提升了，業績也提升了。

第八章　破除認知阻礙：企業人才升級的外在阻礙

可見，對於不同的企業需要採用不同的方法。因為每個企業有不同的經營模式，企業經營模式的不同是由「人」決定的。所以，我們必須研究人性，要容納真實，了解不同人的層次、需求和追求，然後將大家整合在一起。而虛假的人無法聯合他人，強者也不願意與他們合作。

在企業中，每個人都要建立一個體系。成長要講究因果，而不是只強調付出。那些只講付出的人在生活中往往沒有智慧。特別是企業管理者，不能一味地向員工輸出付出的道理。未來的道路取決於因果，你要學會種植因果。對別人好就是在播種「因果」，多種「因果」才是關鍵。

1. 要以系統的利益為重

陽光、種子和土壤都好，才是真正的好。不要只考慮自己的利益，而是要以系統的利益為重。有中心認知阻礙思想的人總是以自我為中心，他們認為自己的想法是最好的，必須聽「我的」，這樣的人無法建立系統。因此，一定要容納真實並多種善因，做好本職工作，並且要有能力給予別人想要的東西。

2. 要摒棄「付出」的概念

如果你希望自己的企業做大，部門做強，那麼你就要支持你的員工、團隊和上級，這是在為自己種下善因。在生命中，沒有付出，只有因果。你所做的每一件事最終都會回報到自己身上，那些只講付出的人還沒有開悟。

你的企業要發展壯大，你的部門要變強，那麼你要支持你的員工、團隊和上級，這些是不是在為自己種下善因呢？所以在生命中沒有付出，只有因果。當你明白了這一點，在建立團隊或經營企業時，你對團隊好，對客戶好，這些都是你應該做的，實際上都是為了自己好。

第一節　解除「中心認知阻礙」：一切以系統為重點

容納他人，支持團隊，為客戶賦能，這些都是為了自己。當你這樣為人處世時，你的格局就會打開。我們只看因果，不看付出。只要你對他好到一定程度，自然會有好的結果。因此，我們要容納真實，要做好本職工作，多種善因。不再以個人利益為重，而是以系統利益為重；不再以自我為中心，而是以系統為中心。只有陽光好、種子好、土壤好，才是真正的好。

我們時常聽到一些老闆說：「我整日學習，員工卻與我漸行漸遠。」他們自認為很厲害，但這種學習對企業來說實則是一種破壞性的。所有的學習都應該是系統的學習，實現人才團隊的整體升級，而非老闆個人的學習。只有全面建立人才發展架構，才是企業升級的必經之路。所以，老闆在學習的同時，也要為團隊安排學習，這樣才能讓老闆和團隊成員想法統一。

綜上所述，要解除一個人或一群人的「中心認知阻礙」，就要以系統為核心，系統如同參天大樹，若想收穫纍纍碩果，就必須建立系統。真正的學習應該是組織學習，也就是讓團隊的策略層、經營層、管理層、實施層和員工層都參與學習，如此企業才能實現整體升級。責任勝任力的層級越高，學習時間越長，難度也越大。如果只單純地培養老闆，對企業並無價值，甚至可能對企業造成極大破壞。個人能力再強也無濟於事，只有強大的系統才能使企業具備強大的競爭力。因此，我們不應以自我為中心，而是要以系統為重點。

一個人的能力在於能調動多少人為己所用。無法調動他人，就談不上有能力。只能調動自己，能力便非常有限。實際上，並非每個人都有「中心認知阻礙」，本性的人一旦學會思考就不會有「中心認知阻礙」了。只要做任何事情都以團隊為重，這才是本性使然，如此才能調動更多人，一切應以系統為主。學會了解團隊中的人，就是在種下善因。

第八章　破除認知阻礙：企業人才升級的外在阻礙

第二節
解除「速成認知阻礙」：一切以規律為基礎

顧名思義，「速成認知阻礙」是指有些人為了快速獲得成功，不計後果地做出違反事物發展規律的事情，甚至不擇手段。

我們很多人都有快速成功的理念，恨不得今天上午種瓜下午結果，就像「揠苗助長」中的那個人一樣，最終落得一無所獲。因為所有的事情都有其發展規律，所有種下的因都要經過下種、發芽、生幹、分枝、開花之後才會結果。

「速成認知阻礙」的人的特點是（本質上）先做了再說，如果錯了再改。這個理念是 20 多年前的工作模式，因為那個時代資訊沒有現在發達，大家都處於一種「摸著石頭過河」的狀態，每個人都小心翼翼，不敢輕易去嘗試，只有那些膽子大的人才敢冒險。

同時，因為很多人不敢放開去做，即使你選擇錯了，失敗了，你也有時間及時做出調整。但是現在時代不同了，大家跟你站在同一個「起跑點」，你一旦錯了，再調整就會被市場淘汰。所以，現在的理念就是，你先要掌握規律，找到顧問導師給予指導，做出正確的選擇，再出發就有了方向。方向是對的，努力才有價值。

假承擔的人對自己充滿了信心，他們因為急於想成功，聽不得實話和真話，即不能容真，不肯花精力去研究事情發展的必然規律。他覺得成功極其簡單，就像數學公式一樣是有正確答案的，或者認為成功是有模板的，是可以複製的。

成功學不是完全沒有道理的，前提是倒退到 20 多年前，那時候資訊沒有這麼便捷，競爭和現在也不可同日而語。別人沒有成長，只有你成長了。

第二節 解除「速成認知阻礙」：一切以規律為基礎

在當下市場競爭激烈的時代，單憑「成功學」給的熱情難以支撐你打拚到最後。想要成功，就必須先了解事情的規律，再結合自己的實際情況諮詢顧問導師，或者是了解事物的規律和諮詢顧問導師同時進行。

做任何事情都有規律，這需要顧問導師教我們掌握規律，再由導師指導我們落實執行。因為顧問導師是能夠給你系統解決方案的人，如果顧問導師既有老師功能又有導師功能，那麼你的能力將會升級換代。

所以，企業要思考員工在成長過程中有沒有顧問導師？你的團隊成長中有沒有替每個人配上導師，有沒有建立導師體系？如果建立了導師體系就能成長，就叫做速成，如圖 8-2 所示。

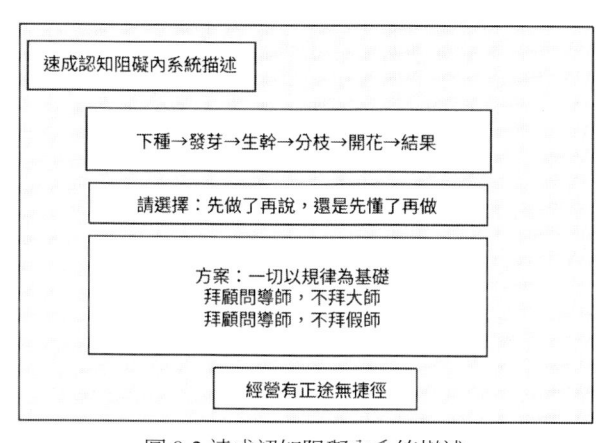

```
速成認知阻礙內系統描述

  下種→發芽→生幹→分枝→開花→結果

  請選擇：先做了再說，還是先懂了再做

  方案：一切以規律為基礎
    拜顧問導師，不拜大師
    拜顧問導師，不拜假師

  經營有正途無捷徑
```

圖 8-2 速成認知阻礙內系統描述

導師體系又叫三級導師制，即組織導師、團隊導師和個人導師。組織導師就是對所有人進行方法論指導，組織導師下面有團隊導師分別指導經營團隊、管理團隊和策略團隊。團隊中每個人也都配有導師。三級導師制至少需要有兩級發揮作用，以確保獲得結果。

企業如果只是單一的「傳經驗、幫成長、帶新人」，就很難確保有結果。為什麼？「傳經驗、幫成長、帶新人」的前提是資深前輩要特別閒，工作量不大，他有精力去教你，但是現代企業裡的資深前輩都特別忙，

第八章　破除認知阻礙：企業人才升級的外在阻礙

所以，不能寄希望於個人能解決你工作中本質的問題，他可以在一些卡點上幫你突破，系統性的問題則是需要組織導師和團隊導師予以指導和解決。

三級導師制幫你解除「速成認知阻礙」後，你就會成為真承擔的人，升級了的本性的人做事能力會得到很大的提高，如圖 8-3 所示。

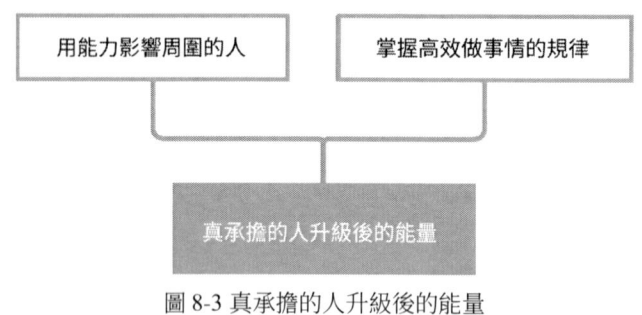

```
┌──────────────────┐    ┌──────────────────┐
│ 用能力影響周圍的人 │    │ 掌握高效做事情的規律 │
└─────────┬────────┘    └────────┬─────────┘
          └──────────┬───────────┘
                     │
          ┌──────────▼───────────┐
          │ 真承擔的人升級後的能量 │
          └──────────────────────┘
```

圖 8-3 真承擔的人升級後的能量

1. 用能力影響周圍的人

破了「速成認知阻礙」的人將有很大的能量，這時，上司是他的人，客戶是他的人，行銷部門是他的人……因為他有能力影響到大家，所以，只要他想做什麼事情，周圍的人都會給予他想要的支持，這會讓他做事情更容易成功。

2. 掌握高效做事情的規律

真承擔的人升級後，因為他有了影響他人的能力，他的每個決策會得到各個部門的上司的大力支持，如行銷系統的上司、交付系統的上司。他在工作中想調動哪個部門，哪個部門的主管都會給予積極的幫助和支持。

第三節
解除「迷幻認知阻礙」：一切以結果為導向

「迷幻認知阻礙」可以說是「花痴」的典型代表。他們無法看清萬物的本質，深陷於自我幻想的泥潭中難以自拔。在幻覺的漩渦裡，他們對一切事物都以「自戀」為中心，彷彿世界上的每個人都是為了成全他們而存在。

「迷幻認知阻礙」的人通常不在乎結果，只注重過程，他們純粹是為了享受過程帶來的「自我快感」。

這些人往往沉浸於自己的世界裡，對現實的認知產生偏差。他們可能會過度關注自己的感受和想法，而忽視他人的真實意圖和需求。在與他人互動中，他們可能會誤解別人的言行，將其解讀為對自己的讚美和肯定，從而進一步強化自己的「完美」形象。

這種自我快感的追求可能使他們無法客觀地看待自己和周圍的世界，導致人際關係問題和現實中的挫折。他們可能難以接受批評或不同意見，因為這會威脅到他們的自我認知。此外，他們可能會因為對結果的漠視而錯失很多機會，無法真正成長和進步。

「迷幻認知阻礙」的人不看結果，只看過程，他們永遠活在自己的解釋之中，不懂得分辨外界回饋的真實情況，不要求結果，無論別人對他們做出什麼樣的態度和行為，他們一律幻想成「我是完美的，對方為了我在改變」，如圖 8-4 所示。

第八章 破除認知阻礙：企業人才升級的外在阻礙

```
迷幻認知阻礙內系統描述                    解釋
                                    理由
                                    「大王」

  花痴模式：永遠活在自己的解釋之中
    不以結果來衡量，不以回饋來衡量


  方案：一切以結果為導向，結果是檢驗真理的
            唯一標準
```

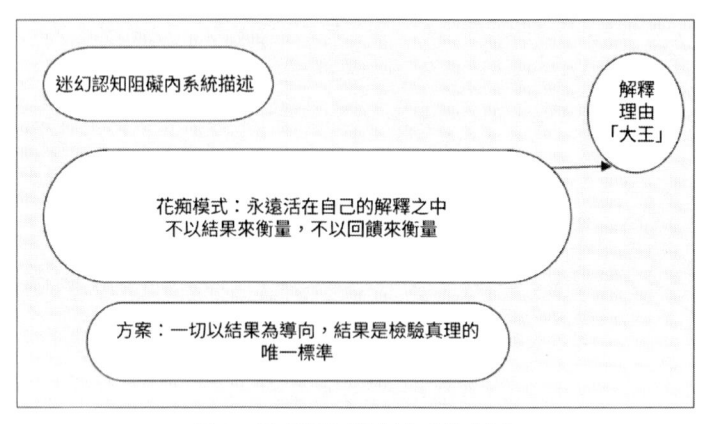

圖 8-4 迷幻認知阻礙內系統描述

「花痴」的人是什麼樣的？比如，一位女士無意間看你一眼，你覺得她愛上你了；那個人不看你，是因為對方在拚命壓抑愛你的心……「花痴」的人，不管別人對他們如何，他都能解釋成別人愛他。在工作中，他們和客戶溝通時，會覺得客戶很欣賞他的能力；客戶不合作，他會覺得「客戶欣賞我，也認可我的產品，只是現在客戶沒錢，等有錢了一定會找我」。

「花痴」的人會找各式各樣的理由為自己解釋，經常活在解釋之中，但他們所有的解釋都不成立，所有的理念都是他們的卡點，就是要持續地有結果，如圖 8-5 所示。

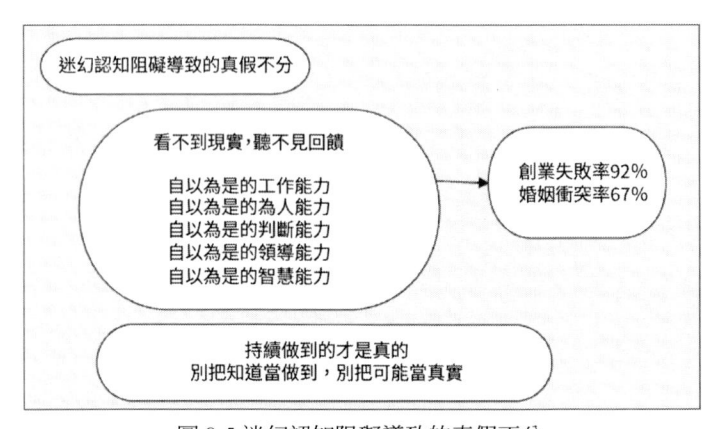

```
迷幻認知阻礙導致的真假不分

    看不到現實，聽不見回饋
      自以為是的工作能力
      自以為是的為人能力           創業失敗率92%
      自以為是的判斷能力           婚姻衝突率67%
      自以為是的領導能力
      自以為是的智慧能力

      持續做到的才是真的
     別把知道當做到，別把可能當真實
```

圖 8-5 迷幻認知阻礙導致的真假不分

第三節　解除「迷幻認知阻礙」：一切以結果為導向

在企業中，要想讓這些員工解除「迷幻認知阻礙」，就要對他們以結果為導向進行升級。引導他們意識到自我認知的局限性，並逐漸關注結果和實際行動。透過這樣的方式，他們可以學會更加客觀地看待自己和他人，建立健康的人際關係，實現更加真實和有意義的生活。

1. 建立系統

解除「迷幻認知阻礙」需要建立一個系統模型，這個模型應該包含明確的目標、可行的步驟和有效的評估機制。透過這個系統模型，我們可以有條不紊地朝著目標前進，不斷調整和改進自己的行為。

2. 導師和顧問導師的指導

導師和顧問導師的指導也是至關重要的，他們擁有豐富的經驗和智慧，能夠幫助我們少走冤枉路，加快成長的步伐。同時，我們應該虛心接受他們的批評和建議，不斷完善自己。

3. 持續不斷地追求結果

最重要的是，要持續不斷地追求結果。在任何時候，都不能僅僅依靠自我評價、自我感覺和自我理念來判斷自己的表現，而是要以實際的結果來衡量。結果是我們必須給予的東西。例如，如果你有很強的能力，那麼你就必須透過實際的成果來證明；如果你有帶領團隊的能力，那麼你的團隊就必須達到企業的標準；如果你有管理的能力，那麼你所管理的團隊就應該是菁英團隊。你的厲害之處必須展現在為企業創造的結果上。有擔當的人一定要以結果為標準。要謹言慎行，多付諸行動，

第八章 破除認知阻礙：企業人才升級的外在阻礙

少說空話。

結果是檢驗真理的唯一標準！虛假的人往往喜歡喊口號，提出各種層出不窮的理念，做出各種承諾，卻始終無法給出實際的結果。他們總是用理念和方法來代替真正的成果。結果是具有階段性的，如果我們願意改變，就能夠獲得成果。然而，有些人卻總是不肯改變，永遠無法成長。

因此，讓我們以結果為導向，不斷升級自己。摒棄虛假的自我，用實際行動去證明自己的價值。只有這樣，我們才能在現實世界中找到真正的自我，實現自己的夢想。

第四節
解除「傲慢認知阻礙」：一切以升級為目標

所謂「傲慢認知阻礙」，是指一個人總是拿自己的長處或優點去對比他人的短處和缺點，從而產生一種自以為了不起的心態。

「假承擔的人」通常都很傲慢，正如我們上一節所了解到的，「假承擔的人」就如同花痴一般，他們的核心是以自我為中心，總是從自己的角度去考慮問題。他們總是認為自己是正確的、好的。「傲慢認知阻礙」的人的典型特徵就是喜歡用自己的優點去比較別人的缺點，如圖8-6所示。

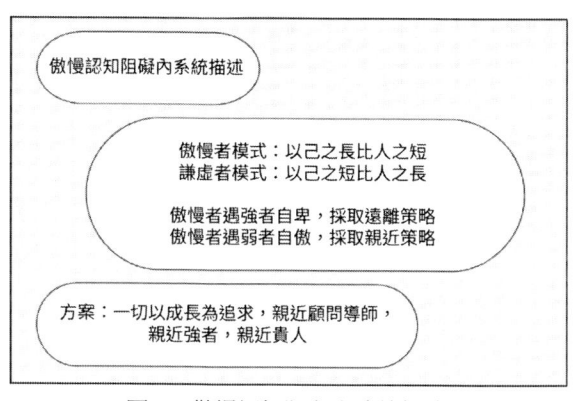

```
傲慢認知阻礙內系統描述

    傲慢者模式：以己之長比人之短
    謙虛者模式：以己之短比人之長

    傲慢者遇強者自卑，採取遠離策略
    傲慢者遇弱者自傲，採取親近策略

    方案：一切以成長為追求，親近顧問導師，
          親近強者，親近貴人
```

圖8-6 傲慢認知阻礙內系統描述

相比於「假承擔的人」，本性的人則顯得謙虛謹慎。因為他們總是用自己的缺點去對比別人的優點。孔子說：「三人行，必有我師焉。」真正懂得升級的人會把每個人都當作自己的師父，因為每個人都有他們不具備的優點。比如，有些人在人際關係方面能力很強，你可以向他們學習。

在企業中，那些真承擔的領導者，在發現員工身上有值得學習的優點時去學習。所以，一個真承擔的人會認為每個人都是自己的老師，他們吸收每個人身上的優點，並將這些優點運用到工作中。

第八章　破除認知阻礙：企業人才升級的外在阻礙

　　我以前屬於純粹的專家型人才，一聽到銷售就望而卻步。後來我們團隊中有幾個從事銷售工作的人，他們的綜合能力雖然不如我，但在銷售方面比我強。

　　其中有一個銷售人員與人打交道時就像對待親人一樣，他會經常向對方展現真實的自己，比如，向客戶講起自己的原生環境、童年經歷等。這樣一來，他和對方的關係很快就拉近了。然而，這種方式並不是對每個人都適用，後來我也學會了這一點。

　　我還發現其他一些銷售人員可能比較笨拙，但他們持之以恆地支持別人，永遠陪伴在他人身邊。雖然他們的銷售能力進展較慢，但可以持續多年。所以有些銷售模式並不能快速打開別人的心房，而是需要慢慢建立信任與連結。

　　在工作中，我研究了很多人，算是稍微領悟了一些竅門。我平時替企業做輔導工作時，會根據每個企業和每個員工的不同個性去溝通，因為每個人都有自己的方法。所以，有些企業擅長利用外部團隊和資源，有些企業則擅長運用內部團隊，還有些企業擅長採用激勵的方式，即善於激發員工的內驅力等，我會從中提煉出來後進行學習。

　　在我的生命中，每個人都是我的老師，有的是大老師，有的是小老師。

　　這並不是一個概念，懂得升級的人要有吸收他人優點的能力，不在乎別人是否認可自己，只在乎目標有沒有實現。

　　而「假承擔的人」則想要告訴別人「我很厲害、我很棒」，強烈渴望得到他人的認可。真承擔的人並不在乎別人如何看待自己，只在乎自己的目標能否達成。所以我們要從各個方面去尋找導師，建立一個龐大的導師體系，不斷學習他們的模式，以自己的短處去對比別人的長處，並將升級作為人生的目標。

認可，實際上只是給你一份力量，但並不能產生引領的作用。否定你是想讓你看到人的不同維度，這些人都可以引領你的發展。因此，你要親近上師，親近強者，親近貴人。由此可見，一個人要解除自己的「傲慢認知阻礙」，一切要以升級為目標。

在日常生活和工作中，主要有三種人，如圖 8-7 所示。

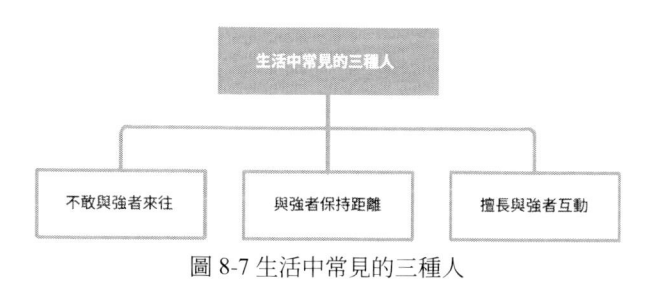

圖 8-7 生活中常見的三種人

1. 不敢與強者來往

在一些人心中，強者令他們心生恐懼，與強者打交道會感到壓力。這種情況可能與童年經歷有關。

2. 與強者保持距離

許多人對強者懷有敬畏之心，平時會有意地與強者保持一定距離，只在重大問題時請教。他們對強者有敬也有畏。前者純粹害怕，後者雖敬畏但仍害怕，與上師保持相對距離。

3. 擅長與強者互動

強者如美味的蛋糕，令人著迷。有些人天天纏著顧問導師求教，這種人是頂級高手。他們將強者視為龐大的蛋糕，最擅長與之打交道。這

第八章　破除認知阻礙：企業人才升級的外在阻礙

樣的人需要自我修練，與強者相處能得到滋養，使自己更強大。

我有個學員，他剛認識我時只是一個普通員工。聽過我的課後，他想拜我為師，我沒有答應，只告訴他，有問題問我就可以。他說自己笨，需要一對一指導。

後來，他在我的課上和通訊軟體上跟我講了很多，包括工作細節也要向我彙報，所有難題都告訴我。他所在企業生產產品，需要他到企業基層講解。他問我如何講解，若對方不聽怎麼辦。我建議他，講解前要與每個人先進行交談，了解他們的困難和需求。

他就請教了他們企業的老闆，掌握了講課要點。他跟我說，還是有點緊張。我建議他購買一些娃娃，在講解現場跟員工互動時使用。果然，當大家得知回答問題可以獲得獎勵娃娃時，就踴躍積極地回答他的提問。他之前講課一直很被動，這次用了我的方法，效果很好。

就這樣，他在半年內持續向我彙報工作，沒有要求我立即回覆，我只要看到就向他提建議。他現在薪資從 30,000 多元漲到了 200,000 元。

他能成長得這麼快，是因為像他這樣的人會表達自己的需求。所以，先了解自己是哪種人再去改變。

記住，傲慢只會讓人展現自己優秀的一面，而看不到自己的缺點。我們要升級，就要多向強者和周圍的人學習。要想借助強者的力量，就要敢表達需求。強者會被激發起幫助你的愛心，他們願意全心全意地幫助你。

第五節
解除「封閉認知阻礙」：一切以賦能為槓桿

「封閉認知阻礙」指的是一個人在經歷極端高傲而遭遇失敗後，產生極度自卑，進而自我封閉，與外界斷絕任何連繫的心理狀態。正如蕭伯納（George Bernard Shaw）所說：「人生有兩齣悲劇，一是萬念俱灰，另一個是躊躇滿志。」若無法擺脫「封閉認知阻礙」，人生必將以悲劇收場。

「封閉認知阻礙」是在經歷「中心認知阻礙」、「速成認知阻礙」、「迷幻認知阻礙」、「傲慢認知阻礙」後，從自我、自怨、自戀、自傲走向「自閉」，以抗拒心理防備外界。這意味著過度的傲氣會導致崩潰，從而產生自卑，導致自我封閉，如圖 8-8 所示。

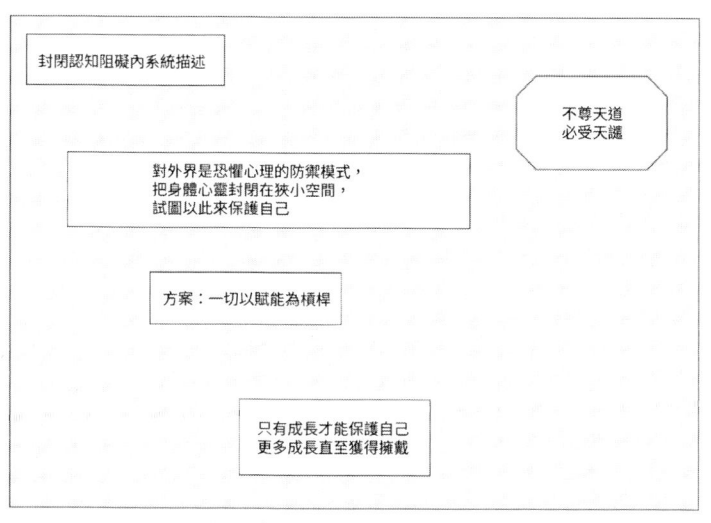

圖 8-8 封閉認知阻礙內系統描述

面對「封閉認知阻礙」，只有升級、價值、賦能才能提供保護。因為當一個人有「中心認知阻礙」時，他考慮問題總是以自我為中心，這樣會傷害很多人，最終變得孤立無援。當一個人有「速成認知阻礙」時，他會

第八章 破除認知阻礙：企業人才升級的外在阻礙

按照自己的想法行事，而不是遵循規律，並且沒有顧問導師持續指導，必然會在許多地方碰壁；當一個人有「迷幻認知阻礙」時，他總是用理念代替結果；當一個人有「傲慢認知阻礙」時，他總是展現自己優秀的一面，不敢暴露自己的不足。

如果一個人同時具備「中心認知阻礙」、「速成認知阻礙」、「迷幻認知阻礙」、「傲慢認知阻礙」時，就很可能陷入封閉認知阻礙的困境。這是因為他受到社會的嚴酷打壓後，他的自我中心、傲慢、不切實際和急功近利都會受到壓制，導致許多問題無法解決，自然也難以成長。以自我為中心的人、急功近利的人、不注重結果的人以及總是自視過高的人都難以成長，甚至成長速度會非常緩慢。此外，他們還會與外界產生激烈的衝突。越向外發展，失敗的機率就越大，最終走向失敗。失敗後，他們會變得封閉，將失敗歸咎於外部因素。

這些人會把自己封閉在狹小的心靈空間裡，感到自卑。因為「中心認知阻礙」的人會認為是別人不配合自己，「速成認知阻礙」的人會覺得別人言而無信，都是別人的問題。而這些人在傲氣十足時，都自以為是，一旦崩潰就會極度自卑，將失敗歸咎於外界，從而封閉自己，如圖 8-9 所示。

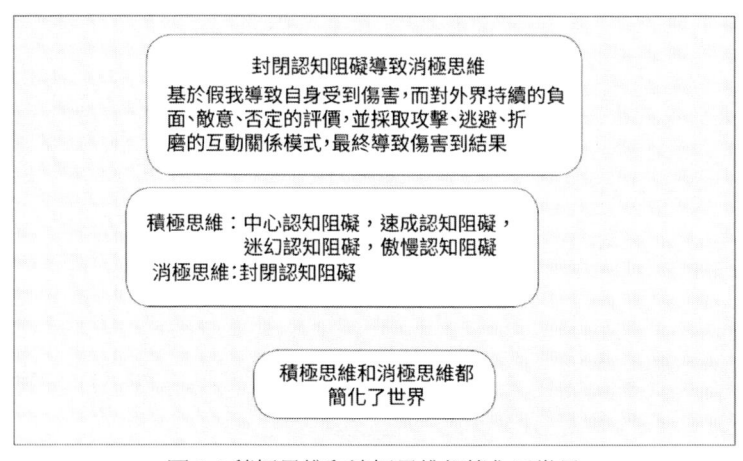

圖 8-9 積極思維和消極思維都簡化了世界

第五節 解除「封閉認知阻礙」：一切以賦能為槓桿

因為一個人在經歷了四種「認知阻礙」後，就會拒絕與外界交流，認為周圍的人都是壞人，最終進入封閉認知阻礙的狀態。這五種「認知阻礙」都不會讓人成長。要成長，就必須破除這五種認知阻礙，即「中心認知阻礙」、「速成認知阻礙」、「迷幻認知阻礙」、「傲慢認知阻礙」、「封閉認知阻礙」。

那麼，我們應該採用積極思維還是消極思維來解決這個問題呢？

我曾經在課堂上問學員，我們應該選擇消極思維還是積極思維？大家一致回答：積極思維。然而，積極思維相對簡單，可能會淡化問題，往往不能看到問題的複雜性，而消極思維則可能誇大問題，使人看不到自己的優勢，積極思維和消極思維都簡化了對世界的認知。因此，我們未來應該採用容真思維，即客觀思維，既不積極也不消極。只有容真才是真實的世界。

很多企業往往害怕面對真相，就會採取逃避問題。請記住，無論何時，企業存在問題和優勢都是正常現象。容真才是本質。

同樣的道理，一個持續成長的人要「破五」就要容真，需要建立更龐大的系統。只有更大的系統才能實現成長和持續升級。升級時要研究規律，找到顧問導師，有了顧問導師的指導，會匯聚更多的人，這就需要多種善因，賦能他人、施惠於人。有了更多的人，就可以建立一個系統，透過結果加以檢驗。

破除五種認知阻礙後，會讓自己容納更多的人，把大家團結在一起，建立一個更大的系統。只有更大的系統，才能讓人們更好地實現成長和持續升級。

對於企業而言，以升級為目標，需要設定精準的升級目標，並將其分解為具體的能力目標。以規律為基礎，尋找能夠碰撞出生命火花的

第八章　破除認知阻礙：企業人才升級的外在阻礙

人，就要找到比自己高一個層次的顧問導師，顧問導師能夠賦予我們智慧和資源。賦能系統相關的人，種下善因，凝聚更多的資源和能力來建立內部團隊和外部團隊，藉助資源和能力建立系統，透過系統來獲取結果，再透過團隊不斷檢驗，同時不斷檢討回顧過程和結果，不斷修正模式和目標。以結果為導向進行檢討回顧，透過檢討回顧來修復，這是一個不斷循環的過程，如圖 8-10 所示。

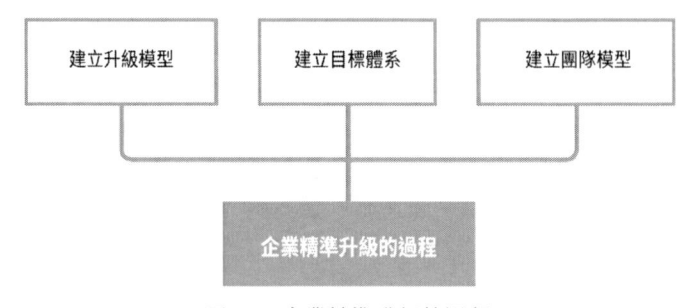

圖 8-10 企業精準升級的過程

1. 建立升級模型

在企業建構模型時，可以採用階梯層級目標模型。以我們服務並輔導過的一家企業為例，這家企業是專注出口業務的，企業年營業額達 20 多億元。以往在年底才進行考核，我們為他們建構了升級模型後，設定了目標，每月都進行考核，不僅考核業績目標，還考核各個系統的團隊建設。我們過去只是對齊他們的目標，如今則更加細膩地規劃與推動。他們表示無須等到年底，依據現在的進度來看，如何突破企業的年度目標已然清晰。這就是升級目標的意義。

2. 建立目標體系

　　我們對於企業的內部輔導和問題解決，需要有規律可循。我們和這家企業是分四個階段進行服務的，在第一階段引入了顧問導師體系，所有問題都可以找導師解決，同時建立體系和方法，讓團隊成員達到部門總監能力就可以了。但是建立團隊系統需要營運總經理能力，他們導入哪個系統都會和我商量，問屬於哪個層級的系統，是找內部導師還是找外部導師解決，這就是導師體系。

　　由於企業之前更多的是摸索著前進，也請過顧問公司，但顧問公司不知道要解決哪個階段的問題，不知道解決層級的問題，請的顧問公司跟企業解決的問題不相配。因此，我們需要進行稽核。以前他們都是自己做考核，現在會來諮詢我，我會告知他們了解導師體系的重要性。

3. 建立團隊模型

　　團隊模型包括菁英團隊、策略團隊、管理團隊等。遇到問題時，大家共同解決，這就是團隊模型，也可稱為團隊運作模型。

　　建構好體系後，就可以利用體系運作並獲得成果。在這個過程中，需要始終以結果為導向。我們將在企業內部建立完整的運作模型，以基因升級為基礎建構大的彈性組織模型，一切以解決問題為核心。其邏輯在於此。

　　模型需要團隊成員的配合。當大家以升級為目標時，有了明確的目標就不會傲慢。此時，我們會建立新的模型，讓你自然而然地突破。

　　新模型又被稱為「五大江湖模式」，能夠為每個人帶來想要的突破效果，即以系統為支撐，破除「中心認知阻礙」，結果反映問題，我們才能重建更多的系統；以規律為基礎，破除「速成認知阻礙」；以結果為導向，破除「迷幻認知阻礙」就是先確定目標，然後努力實現，研究各種規律，

第八章 破除認知阻礙：企業人才升級的外在阻礙

找到顧問導師給予指導；以升級為目標，破除「傲慢認知阻礙」，遵循規律；以賦能為槓桿，破除「封閉認知阻礙」，惠及更多的人。這就是持續升級者的「五大江湖模式」，如圖 8-11 所示。

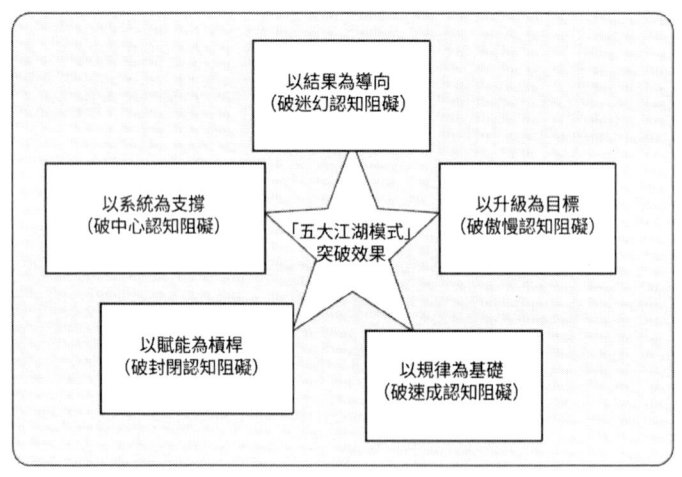

圖 8-11 持續升級者的「五大江湖模式」

以規律為基礎，企業開始建立顧問導師體系，你將擁有自己的導師。你會快速提升，學會團隊合作，團隊也會為你賦能。這個概念在企業中就是建構模型，價值觀的模型即為此。我們設定的時間是一年，持續推進，系統就能建立起來。

系統建立後，不能僅依靠個人的領悟，而我建立的這個模式，能讓你不再傲慢，為你引入導師，你會願意與導師結緣。然後你會發現，團隊合作比個人工作更高效。之後，我們可以建立一個營運體系。因此，我們每個月都要進行檢討和調整。今天講解的是理念，在企業中導入的則是模型，如果沒有理念的支持，這個模型就不會成功。只有這樣，我們的人生才能更好、更快、更有價值。

若存在「中心認知阻礙」不統一、「迷幻認知阻礙」不實際、「傲慢認

第五節　解除「封閉認知阻礙」：一切以賦能為槓桿

知阻礙」不成長、「速成認知阻礙」不扎實、「封閉認知阻礙」不借力，那麼這五大認知阻礙將無法實現持續升級。突破中心認知阻礙後能持續整合升級，突破迷幻認知阻礙後能持續檢討回顧並升級，突破傲慢認知阻礙後能持續學習升級，突破封閉認知阻礙後能借力升級，如圖 8-12 所示。

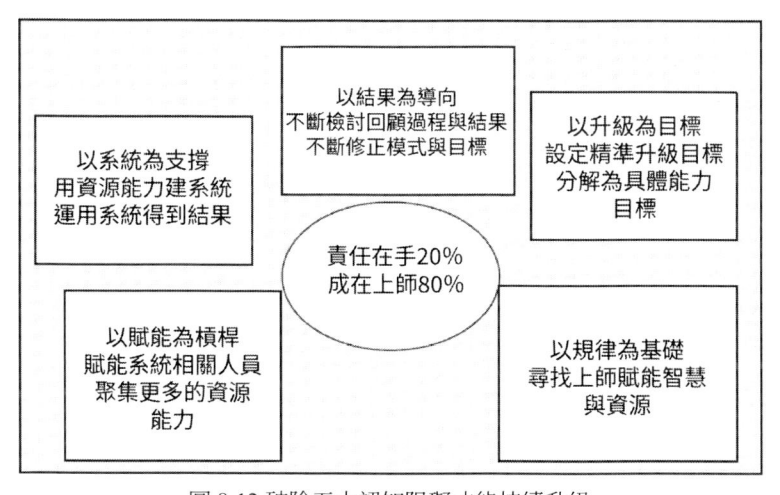

```
┌─────────────────────────────────────────────────────┐
│              ┌──────────────────┐                    │
│              │  以結果為導向     │                    │
│ ┌──────────┐ │ 不斷檢討回顧過程與結果│ ┌──────────┐ │
│ │以系統為支撐│ │ 不斷修正模式與目標 │ │以升級為目標│ │
│ │用資源能力建系統│└──────────────────┘│設定精準升級目標│ │
│ │運用系統得到結果│                     │分解為具體能力│ │
│ └──────────┘        ╭─────╮          │   目標    │ │
│                     │責任在手20%│       └──────────┘ │
│                     │成在上師80%│                    │
│ ┌──────────┐        ╰─────╯        ┌──────────┐  │
│ │以賦能為槓桿│                         │以規律為基礎│  │
│ │賦能系統相關人員│                     │尋找上師賦能智慧│ │
│ │聚集更多的資源│                       │   與資源   │  │
│ │   能力    │                         └──────────┘  │
│ └──────────┘                                         │
└─────────────────────────────────────────────────────┘
```

圖 8-12 破除五大認知阻礙才能持續升級

249

第八章　破除認知阻礙：企業人才升級的外在阻礙

第九章
菁英團隊成長邏輯：
五種性格領導力模型

第九章　菁英團隊成長邏輯：五種性格領導力模型

第一節
男人性格領導力：能建立自己的商業模式

在企業的菁英層，菁英團隊的人有五種核心性格，分別是女孩性格、男孩性格、女人性格、男人性格和領袖（管理層）性格。女孩性格和男孩性格屬於員工層，女人性格和男人性格屬於主管層，其中女人性格負責管理、男人性格負責領導。領袖性格屬於領袖層，如圖 9-1 所示。

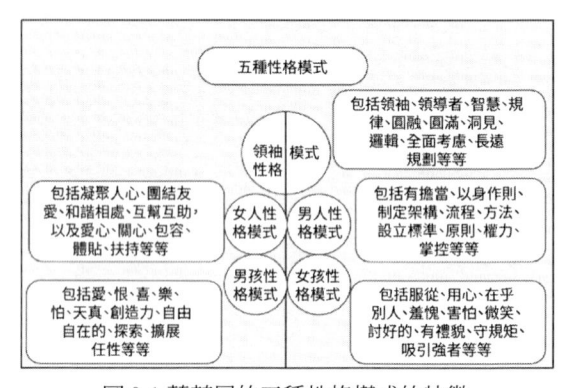

圖 9-1 菁英層的五種性格模式的特徵

我們先介紹男人性格模式，一般來說，男人性格模式有自我的商業理論，是系統流程管控的，具有以下顯著特徵，如圖 9-2 所示。

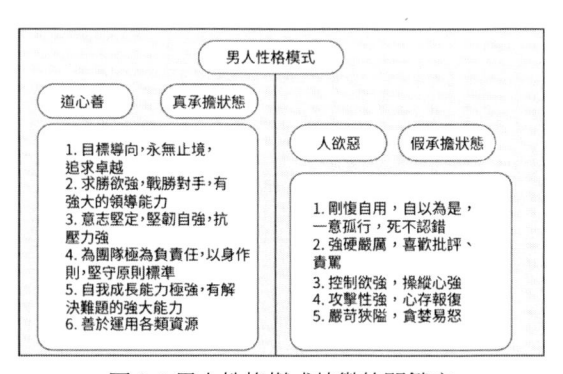

圖 9-2 男人性格模式特徵的關鍵字

1. 鎖定目標，追求卓越

男人性格模式的人就是要鎖定目標，只要與目標無關的事情，他們一律不管。隨時都關注著自己的目標，與目標無關的事情，他們一律不管，因為他們覺得那是在浪費時間。

2. 求勝欲強，有領導能力

男人性格模式的人做事的動力就是成功，成為贏家，因為求勝心切，他們會利用自己的優勢，即強大的領導能力發動一切可以團結的力量，帶著「不達目的不罷休」的決心去做一件事。

3. 意志堅定，抗壓力強

男人性格模式的人意志堅定，有抗壓能力。因為一定要達到目標，他們會自己建立系統，這樣他們就能掌控整個系統的運作情況。透過自己去建立系統，也能確保結果在掌控之中。而且，他們會進行全方位的過程管理，保證可以獲得最好結果。

4. 以身作則，堅守原則標準

男人性格模式的人具有擔當精神，他們做事情對人對事都有高度的責任感。在團隊能發揮以身作則的榜樣作用，這種感召力也是他們成功的一個重要因素。他們在工作中總是衝在前面。比如，系統的某個環節團隊搞不定，那他就會衝上去。因為男人性格模式的人要建系統，他們

第九章　菁英團隊成長邏輯：五種性格領導力模型

就一定要衝在最前面。他們作為領導者，會全方位支持團隊去實現目標，就是說團隊在獲得結果的過程中遇到任何問題，他們都會予以全方位、系統性的支持，以確保最終得到結果。

5. 會定規則，善用資源

男人性格模式的人會定規則，要求進入我系統的人嚴格按我的打法來走。如果你進入我體系卻不按我的打法走，那麼請你離開。他們要求大家追隨他們，並聽從他們的指揮。同時，他們也會給予追隨他們的人實際的結果，會讓你賺到錢，會讓你買房買車。男人性格模式所建立的體系全部是以結果為導向的，你要想獲得結果，那麼你就要遵循我的規則，一切按照我的（遊戲規則）打法來做，不能越雷池半步。所以，男人性格模式的核心特點是有系統、有原則、有流程、有方法、有架構、有標準。

6. 自我成長能力強，無懼困難

男人性格模式的人果斷勇敢、不畏懼困難。他們對所從事的工作領域充滿興趣，透過不斷地探索拓寬自己的視野，增加自己的知識儲備。因為自我成長能力強，他們每解決一次困難，就會獲得成長。他們會換位思考，思考嚴謹縝密，居安思危，他們考慮的是系統哪一個環節可能會出問題以及出現什麼問題，流程之中哪裡還有漏洞。他們在做一個專案的過程中，會考慮哪裡可能會失控？他們永遠在考慮系統的穩定執行和可能出現的問題。

那麼男人性格模式的人的核心工作方式是什麼樣的呢？如表 9-1 所示。

第一節　男人性格領導力：能建立自己的商業模式

表 9-1 男人性格模式的人的核心工作方式

1. 目標導向、自我理論的工作方式
2. 系統統籌、流程掌控的工作方式
3. 策略規劃、策略計畫的工作方式
4. 定向布局、定向資源的工作方式
5. 難題擔當、打樣建模的工作方式
6. 培養團隊、支持合作的工作方式
7. 團隊高標、團隊高果的工作方式

男人性格模式的人在工作中對事不對人，因為一心想著成功，導致他們對人沒有感覺，看到的是團隊人員的盲點，所以，在和男人性格模式的人相處時，你需要有很強的內心承受力。他們會永遠告訴你，你錯在哪裡。要他們表揚你，他們會覺得，這有什麼好表揚的。你做得對很正常，你做錯了要糾正。他們在心裡會覺得你能力強很正常，所以不會表揚，他們認為要把更多的精力花在失控的地方。他們認為他們並不負面，只是覺得你錯了，在漏洞上批評你。他們會非常願意為團隊負責任的。

男人性格模式的人有自我的商業理論，他們具備系統統籌工作的能力，能夠掌控流程確保系統穩定運作。同時，男人性格模式的人會根據自我的商業理論做策略規劃，並制定相應的實施計畫。在遇到難題時，

第九章　菁英團隊成長邏輯：五種性格領導力模型

他們會主動承擔起解決難題的責任，在工作中注重全方位培養團隊，對團隊提出的要求也是高標準、高結果。

不過，男人性格模式分為真承擔狀態與假承擔狀態，如圖 9-3 所示。

```
男人性格模式的兩種狀態 ─┬─ 真承擔狀態的男人性格模式
                     └─ 假承擔狀態的男人性格模式
```

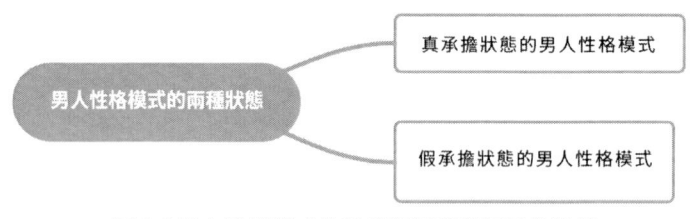

圖 9-3 男人性格模式的真承擔狀態與假承擔狀態

1. 真承擔狀態的男人性格模式

真承擔狀態的男人性格模式是以目標為導向，追求卓越，永無止境。他們意志堅定，堅忍自強，具有很強的抗壓能力。他們帶領團隊衝鋒陷陣時會以身作則，而且善於運用各類資源。

2. 假承擔狀態的男人性格模式

假承擔狀態的男人性格模式雖然目標性很強，但是卻不願意花心思去建立系統，只是一味地去要求別人，常常態度強硬，喜歡批評責罵，而且他們剛愎自用，自以為是，一意孤行，死不認錯。他們不是領導團隊，而是控制團隊。同時，具有極強的控制欲、嚴苛狹隘，在工作中無法做到對事不對人，經常心存報復，具有很強的攻擊性。

第二節
女人性格領導力：憑藉個人優勢凝聚人心

在企業中，女人性格模式同樣也是領導者，如圖 9-4 所示。

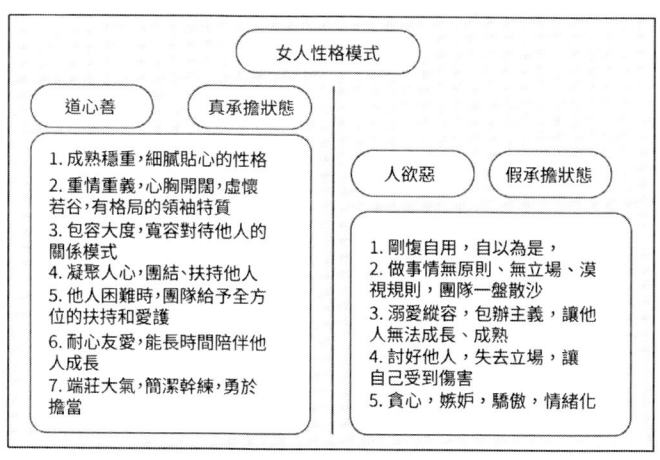

```
                         女人性格模式
        道心善    真承擔狀態              人欲惡    假承擔狀態

1. 成熟穩重，細膩貼心的性格
2. 重情重義，心胸開闊，虛懷        1. 剛愎自用，自以為是，
   若谷，有格局的領袖特質          2. 做事情無原則、無立場、漠
3. 包容大度，寬容對待他人的           視規則，團隊一盤散沙
   關係模式                      3. 溺愛縱容，包辦主義，讓他
4. 凝聚人心，團結、扶持他人           人無法成長、成熟
5. 他人困難時，團隊給予全方        4. 討好他人，失去立場，讓
   位的扶持和愛護                   自己受到傷害
6. 耐心友愛，能長時間陪伴他        5. 貪心，嫉妒，驕傲，情緒化
   人成長
7. 端莊大氣，簡潔幹練，勇於
   擔當
```

圖 9-4 女人性格模式特徵的關鍵字

1. 成熟穩重，情感細膩

女人性格模式特徵的人性格成熟穩重，對下屬是溫情式管理。他們更多的是關注人的感情，在乎對方的感覺，所以，他們常常為他人提供情緒價值，給予對方欣賞、關懷、理解和溫暖，營造一種氛圍。所以，女人性格模式的人認可你的需求，更多的是關心人的感情。能夠凝聚人心，為團隊營造溫馨的環境，但是得不到好的結果。

2. 心胸開闊，有格局

女人性格模式特徵的人重情重義，心胸開闊，是有格局的領導者。所以在工作中寬以待人，包容大度，支持扶持他人，因此可以凝聚人心，團結他人，在他人遇到困難時會給予全方位的扶持和愛護，對團隊耐心友愛，能夠長時間陪伴其成長。

3. 包容大度，寬容待人

女人性格模式的人允許每個人有不同的目標，男人性格模式的人則是不允許你有和我不一致的目標，你的目標必須遵循我的系統，配合我的目標，聽從我的安排，以保證最終獲得結果。如果這段時間你累了，女人性格模式的人會允許你好好休息；男人性格模式的人則是對你提出高標準、高要求！

換句話說，女人性格模式的人是允許你用你的標準讓我來支持你，我支持你的需求，同時你配合我以達到我的目標，所以女人性格模式的人的目標是不可控的，很多時候是無法實現的。

4. 凝聚人心，扶持他人

女人性格模式的人尊重生命、扶持他人，但他們不做系統，在工作中沒有目標感。女人性格模式的人只想做好一件事情，即支持別人達到目標，得到預期的結果。因為是把結果寄託在他人身上，所以這種目標不可控。

5. 一人有難，全力支持

女人性格模式的人給予他人長久的支持、階段性協助和點狀支持。這種支持是點狀支持，就是說只要是他們擅長的方面，他們會予以全力支持。就是他們擅長什麼就在哪方面支持你，全方面調用資源支持你，而不是全方面支持。他對不擅長的事情就不管，會相信你自己可以去突破。他們的支持是點狀的，也就是只在他們擅長的地方支持。所以，他們沒有系統性，喜歡廣泛嘗試，至於結果，他們不是太在意。女人性格模式的人也是會建立模型的，但只是在擅長的地方建立模型。

6. 有耐心，能陪伴下屬成長

女人性格模式的人耐心友愛，允許每個人有不同的目標，不在意結果，他們對團隊的要求很低，允許團隊不斷犯錯，慢慢成長，並長久地支持和陪伴團隊。你累了，他們會支持你停下來休息，靜靜等待你成長；你想成長得更快一點，他們也會支持你，給予你鼓勵；你成長慢，他們也會支持你。

那麼，女人性格模式的人的核心工作方式是什麼樣的呢？如表 9-2 所示。

表 9-2 女人性格模式的人的核心工作方式

1. 尊重生命、扶持他人的工作方式
2. 包容團隊、低標合作的工作方式
3. 長久支持、耐心陪伴的工作方式
4. 點狀支持、點狀合作的工作方式

第九章　菁英團隊成長邏輯：五種性格領導力模型

---
5. 點狀規劃、點狀計劃的工作方式

6. 廣泛嘗試、整合資源的工作方式

7. 階段性協助、點狀建模的工作方式

女人性格模式的人的工作模型是尊重生命、扶持他人，但因為他們不做系統，因此在工作中沒有目標感。他們只想做好一件事情，即支持別人達到目標，得到預期的結果。因為是把結果寄託在他人身上，所以這種目標不可控。

女人性格模式分為真承擔狀態與假承擔狀態，如圖 9-5 所示。

女人性格模式的兩種狀態
- 真承擔狀態的女人性格模式
- 假承擔狀態的女人性格模式

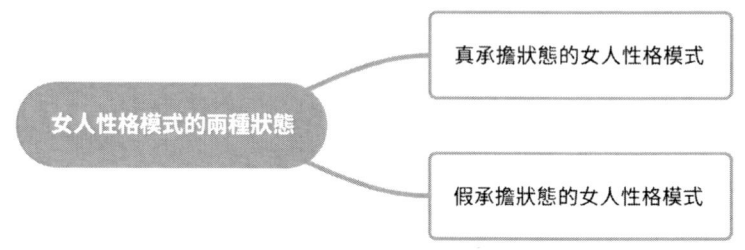

圖 9-5 女人性格模式的真承擔狀態與假承擔狀態

1. 真承擔狀態的女人性格模式

真承擔狀態的女人性格模式的人思考不嚴謹縝密，他們常常對事物保持樂觀，積極看待問題，所以，他們常常淡化可能出現的危險和漏洞，以及系統可能存在的失控。女人性格模式的人追求完美的「正面」，但由於正面和負面都難免歪曲事實，因此他們不能容真。

2. 假承擔狀態的女人性格模式

假承擔狀態的女人性格模式則是一味縱容他人，他們無原則、無立場，對規則視而不見，導致團隊缺乏活力，像一盤散沙。再加上他們個人情緒化、貪心、驕傲、容易嫉妒他人，整個團隊精神渙散、沒有凝聚力，團隊成員消極懈怠，工作效率低下。

假承擔狀態的女人性格模式的人對人生未來沒有感覺，只會縱容自己，不為未來考慮，只要當下感覺良好即可。真承擔狀態的女人性格模式的人則知道什麼是越來越好，能夠理解並承擔責任，推動他人的成長，即使與自己的結果無關。

第九章 菁英團隊成長邏輯：五種性格領導力模型

第三節
女孩性格領導力：全力支持崇拜的上司

在企業中，女孩性格領導力的人具備以下特徵，如圖 9-6 所示。

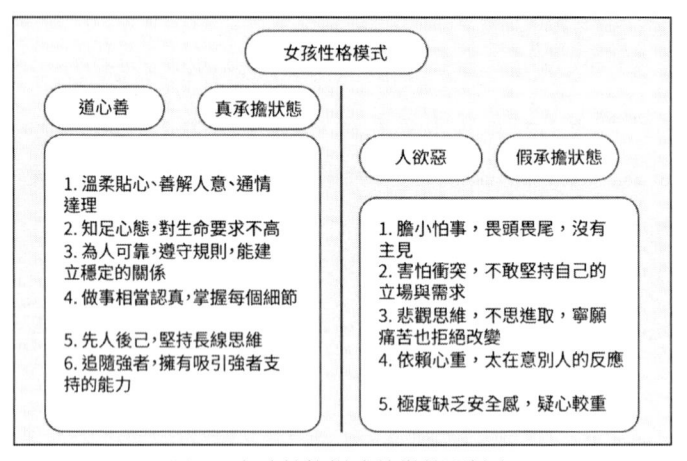

```
                        女孩性格模式

        道心善      真承擔狀態           人欲惡      假承擔狀態

    1. 溫柔貼心、善解人意、通情              1. 膽小怕事，畏頭畏尾，沒有
       達理                                    主見
    2. 知足心態，對生命要求不高               2. 害怕衝突，不敢堅持自己的
    3. 為人可靠，遵守規則，能建                  立場與需求
       立穩定的關係                          3. 悲觀思維，不思進取，寧願
    4. 做事相當認真，掌握每個細節                 痛苦也拒絕改變
    5. 先人後己，堅持長線思維                 4. 依賴心重，太在意別人的反應
    6. 追隨強者，擁有吸引強者支               5. 極度缺乏安全感，疑心較重
       持的能力
```

圖 9-6 女孩性格模式特徵的關鍵字

1. 溫柔貼心、善解人意

女孩性格模式的人本性溫柔貼心、善解人意，在工作中遵守規則，為人可靠，能夠與團隊成員建立穩定關係。他們做事認真細膩，能夠掌握細節，具有長線思維。真承擔狀態下的女孩性格模式堅持追隨強者，也具備吸引強者的能力。

2. 要求不高，很容易滿足

女孩性格模式的人擁有知足常樂的心態，對生命要求不高。他們人際圈很窄，只對能給自己資源、幫助自己、帶領自己的人感興趣，與結果無關的人則不是他們關注的對象。

3. 為人可靠，遵守規則

女孩性格模式的人通常具有配合他人、先人後己的特點，但他們也有自己的目標，並會緊緊盯著目標前進。他們最擅長藉助別人的力量來實現自己的目標，因此會尋找一切能夠支持自己的力量，並為此遵守對方的規則，全力做好配合以得到對方的認可、支持和資源，能與他人建立穩定的關係。

4. 做事認真，掌握細節

女孩性格模式的人對工作特別認真，他們做事的時候特別注重細節，對工作會盡心盡力。在他們的領導下，團隊工作都能夠做到一絲不苟。

5. 先人後己，具有長線思維

女孩性格模式的人特別欣賞男人性格模式的人，因為他們都是目標感很強的人，而且男人性格模式的人能夠為對方提供策略、資源等全方位的支持，助力他人收穫成果，其領導風格盡顯格局與擔當，以團隊成員的成功為導向，積極發揮引領與推動作用。因此，女孩性格模式的人願意追隨男人性格模式的人，並全方位地複製他們的成功經驗。

6. 追隨強者，能獲得強者的支持

女孩性格模式的人喜歡追隨強者，擁有吸引強者支持的能力。在不斷追隨和配合男人性格模式的人的過程中，他們會逐漸掌握系統建設能力、流程掌控能力和團隊整合能力，從而逐漸成長為男人性格模式的人。在這個過程中，他們已經掌握了系統建設能力、流程掌控能力和團隊整合能力。

那麼，女孩性格模式的人的核心工作方式是什麼樣的呢？如表9-3所示。

表9-3 女孩性格模式的人的核心工作方式

1. 積極思維、規劃樂觀的工作方式
2. 喜歡就做、不喜遠離的工作方式
3. 為人大氣、朋友互助的工作方式
4. 喜歡探索、各種嘗試的工作方式
5. 思維敏捷、快速反應的工作方式
6. 公關能力、情感資源的工作方式
7. 前端思考、前端工作的工作方式

我來舉一個例子。

張寧具有典型的女孩性格模式的人，作為部門主管，他在工作中非常注重團隊合作和人際關係，總是願意幫助別人，關心他人的感受。同

時，他的目標感也很強，會為自己設定明確的職涯目標，並努力追求。他擅長藉助他人的力量來實現自己的目標，與同事和主管建立了良好的合作關係。

張寧的上級是男人性格模式的人，他特別欣賞上級的決斷力和領導能力。他在追隨上級的過程中，不但會全力配合上級的工作，而且會主動學習上級的策略和方法，來實現共同目標。

雖然張寧在工作中非常認真細膩，注重細節，掌握工作中的每一個環節，尤其擅長與團隊成員建立穩定的關係，在團隊中能夠做到先人後己，關心他人的需求，但是他在面對壓力和挑戰時假承擔狀態就會顯現出來。他會變得依賴他人，希望別人能夠給予他結果，而不是自己主動去解決問題。他還害怕衝突，不敢堅持自己的立場和需求。

透過學習，張寧了解到自己的假承擔狀態，他努力調整自己的思考和行為方式。他在工作中更加堅定地追求自己的目標，學會獨立解決問題，提升自己的決策能力和自信心。

這個例子展現了女孩性格模式的一些特點和可能存在的挑戰。透過了解和調整自己的性格模式，張寧更好地發揮了自己的優勢，實現個人和職涯的成長。由此可見，女孩性格模式分為真承擔狀態和假承擔狀態，如圖 9-7 所示。

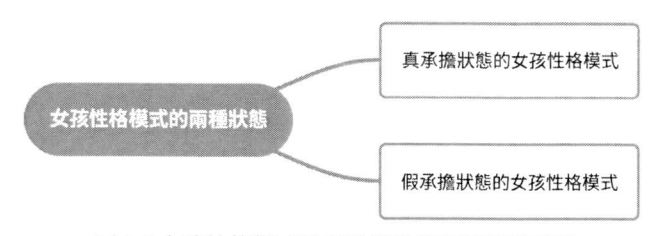

圖 9-7 女孩性格模式的真承擔狀態與假承擔狀態

第九章　菁英團隊成長邏輯：五種性格領導力模型

1. 真承擔狀態的女孩性格模式

女孩性格模式的人在工作中認真細膩，能夠掌握細節，具有明確的目標和清楚的思路。他們緊緊追隨主管，支持配合，先人後己，善解人意。

在自己熟悉的工作領域會主動工作，在不熟悉的領域則等待主管指令，謹慎前進。

女孩性格模式的人成長並不是成為傳統意義上的女人，而是成為具有男人性格特質的人。比如，一些女性企業家說話幹練果斷，很有原則性和系統性，這就是已經成長為男人性格模式的表現。

2. 假承擔狀態的女孩性格模式

女孩性格模式的假承擔狀態則表現為依賴他人，將希望寄託在別人身上，希望別人給自己結果，為人膽小怕事，畏首畏尾，沒有主見。在團隊合作中，害怕衝突，不敢堅持自己的立場和需求。假承擔狀態下的女孩性格模式常常是悲觀思維，不思進取，寧願痛苦著也不願意去改變，而且極其沒有安全感。

第四節
男孩性格領導力：喜歡探索新鮮的事物

在企業中，男孩性格模式的領導者比較常見，如圖 9-8 所示。

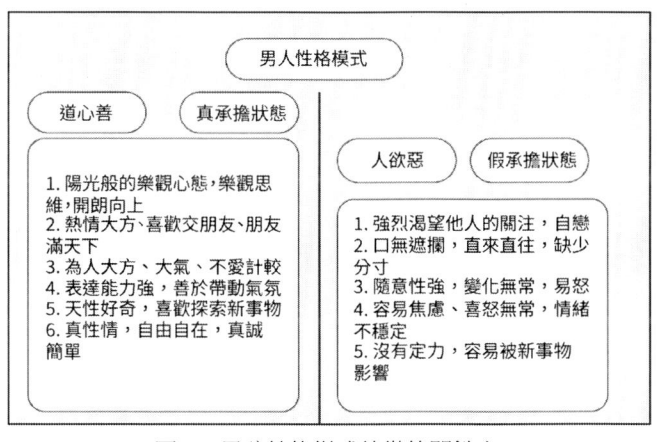

```
                        男人性格模式

     道心善    真承擔狀態              人欲惡    假承擔狀態

  1. 陽光般的樂觀心態，樂觀思      1. 強烈渴望他人的關注，自戀
     維，開朗向上                  2. 口無遮攔，直來直往，缺少
  2. 熱情大方、喜歡交朋友、朋友       分寸
     滿天下                        3. 隨意性強，變化無常，易怒
  3. 為人大方、大氣、不愛計較      4. 容易焦慮、喜怒無常，情緒
  4. 表達能力強，善於帶動氣氛         不穩定
  5. 天性好奇，喜歡探索新事物      5. 沒有定力，容易被新事物
  6. 真性情，自由自在，真誠           影響
     簡單
```

圖 9-8 男孩性格模式特徵的關鍵字

1. 樂觀思維，開朗向上

男孩性格模式的顯著特點是真性情，擁有陽光般的樂觀心態，為人坦誠直率，喜歡表達真實想法，不太考慮長遠的未來，更喜歡新鮮和嘗試。

2. 熱情大方，喜歡社交

男孩性格模式的人待人熱情、樂於助人，擅長跟不同的人打交道，因此能夠結交到很多朋友，可以說朋友滿天下。但是不會持續做一件事情。

3. 為人大方，大氣不計較

男孩性格模式的人在與人互動時，通常不會有防備心理，會完全敞開心扉，喜歡或不喜歡都會直接表現出來。他們更注重當下的感受，不太在意結果，能夠與很多人建立關係，並且能夠做到真正地對每個人都好。

4. 善於表達，帶動氣氛

男孩性格模式和女孩性格模式的人都比較感性，常常能夠為大家帶來歡樂。因此，他們特別擅長公關和交朋友，對朋友也能付出真心，但他們不會承擔過多的責任。

5. 天性好奇，喜歡探索新事物

男孩性格模式的人喜歡探索新事物，更善於前端思考和工作，但對持續做一件事情缺乏耐心。此外，他們還具備很強的公關能力和豐富的情感資源。

6. 自由自在，真誠簡單

男孩性格模式的人是性情中人，他們只做自己喜歡的事情，追求自由自在的快樂生活，希望有人陪伴，享受一起快樂的時光。女性性格模式的人則更傾向於做自己擅長的事情。

對於男孩性格模式的人來說，他們的核心工作方式是什麼樣的呢？

我有個學員是一家創業公司的創始人之一，他就是典型的男孩性格

第四節　男孩性格領導力：喜歡探索新鮮的事物

模式領導者。在工作中，他充滿活力和冒險精神，總是願意嘗試新的想法和方法。

在團隊決策中，他非常坦誠直率，他會直接表達自己的意見和想法，不會掩飾自己的情感。這種真性情讓團隊成員感到他很可靠，願意跟隨他一起奮鬥。

他平時非常注重當下的快樂和團隊氛圍，經常舉辦團隊活動，如戶外運動和聚會，以增強團隊凝聚力。他也擅長與團隊成員建立深厚的友誼，關心他們的個人生活和發展。不過，他在管理中經常感情用事，在衝動之下忽略了長期規劃和風險管理。在一次關鍵的專案決策中，他傾向於選擇一個看似有潛力但風險較高的方案，而沒有充分考慮到可能的後果，導致他因決策失誤而對公司造成了損失。

從這個例子中可以看到，男孩性格模式的人在團隊中能夠產生積極的影響，但因為自身存在的缺陷，也會為工作帶來負面影響。所以，他們需要透過成長改變這方面的問題，這樣才能在決策中更加審慎，考慮長遠利益，並與其他性格類型的領導者合作，以實現更全面的領導風格，如表 9-4 所示。

表 9-4 男孩性格模式的人的核心工作方式

1. 積極思維、規劃樂觀的工作方式
2. 喜歡就做、不喜遠離的工作方式
3. 為人大氣、朋友互助的工作方式
4. 喜歡探索、各種嘗試的工作方式

第九章 菁英團隊成長邏輯：五種性格領導力模型

5. 思維敏捷、快速反應的工作方式
6. 公關能力、情感資源的工作方式
7. 前端思考、前端工作的工作方式

在工作中，男孩性格模式分為真承擔狀態和假承擔狀態，如圖 9-9 所示。

```
                        ┌─ 真承擔狀態的男孩性格模式
男孩性格模式的兩種狀態 ─┤
                        └─ 假承擔狀態的男孩性格模式
```

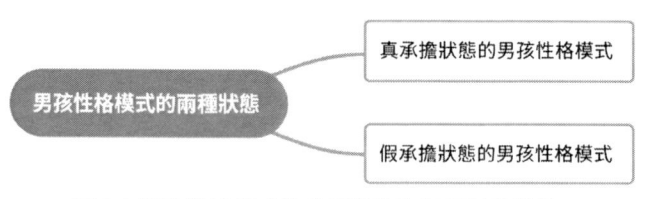

圖 9-9 男孩性格模式的真承擔狀態與假承擔狀態

1. 真承擔狀態的男孩性格模式

男孩性格模式的人的真承擔狀態是對人生保持陽光般的樂觀心態，開朗向上，為人真誠簡單、熱情大方、不計較，喜歡交朋友。在團隊中善於帶動氣氛，表達能力極強，天性好奇，喜歡探索新事物。同時，他們具有積極思維，總是在工作中保持樂觀態度，喜歡找讓自己快樂的事情做，為人大方，朋友之間互幫互助。

男孩性格模式的人特別害怕被約束，他們更喜歡女人性格模式的人，因為女人性格模式的人更能夠允許他們隨性發揮，做自己喜歡的事情。在這個過程中，男孩性格模式的人會逐漸成長為女人性格模式，能夠包容對方，給對方鼓勵和溫暖。

2. 假承擔狀態的男孩性格模式

處於假承擔狀態的男孩性格模式的人則隨心所欲，口無遮攔，直來直往，缺少分寸感。他們強烈渴望他人的關注，而且情緒容易受到新事物的影響，變化無常。

不同性格模式的人都有各自的優點和缺點。了解這些特點可以幫助我們更容易理解自己和他人，從而更易於與人相處和合作。

第九章　菁英團隊成長邏輯：五種性格領導力模型

第五節
領袖性格領導力：透過開悟方式駕馭他人

我們已經知道男人性格模式和女人性格模式屬於主管層，那麼誰來領導男人性格模式和女人性格模式的人呢？答案是領袖性格模式，如圖 9-10 所示。

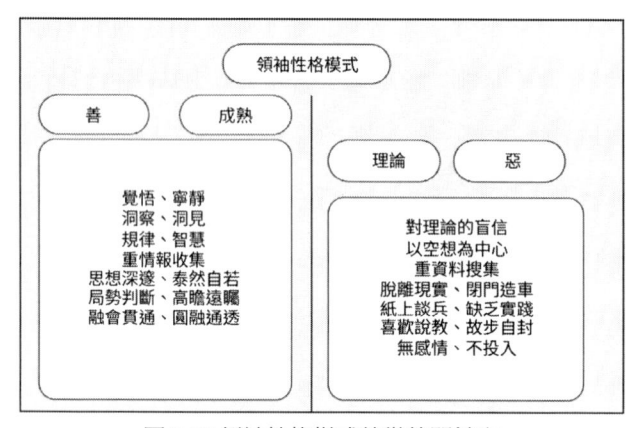

```
            領袖性格模式
    ┌─善─┐ ┌─成熟─┐        ┌─理論─┐ ┌─惡─┐
    ┌──────────────────┐    ┌──────────────────┐
    │  覺悟、寧靜        │    │                  │
    │  洞察、洞見        │    │  對理論的盲信    │
    │  規律、智慧        │    │  以空想為中心    │
    │  重情報收集        │    │  重資料搜集      │
    │  思想深邃、泰然自若│    │  脫離現實、閉門造車│
    │  局勢判斷、高瞻遠矚│    │  紙上談兵、缺乏實踐│
    │  融會貫通、圓融通透│    │  喜歡說教、故步自封│
    │                    │    │  無感情、不投入  │
    └──────────────────┘    └──────────────────┘
```

圖 9-10 領袖性格模式特徵的關鍵字

1. 覺悟的人

領袖性格模式的人具有顛覆生命底層邏輯或商業底層邏輯的能力。他們能創造未來並獲得龐大成果，因為他們已經領悟了生命的真諦，心境寧靜，擁有一套自己的認知系統和強大的邏輯思維。

2. 具有敏銳的洞察力

領袖性格模式的人具有敏銳的洞察力，能夠有遠見卓識地掌握市場發展趨勢，深入了解客戶群的心理，準確判斷市場中的各種可能性。

3. 擁有大智慧

領袖性格模式的人擁有大智慧，他們能夠講解規律，並根據不同的規律為你提供三種選擇，即上策、中策和下策。他們讓你在原有規律的基礎上領悟到更高層次的規律，從而做出生命的選擇。比如，對於一個具備部門總監能力的老闆，領袖性格模式的人會告訴他三條路：

第一條路：繼續做老闆，但會在商業邊緣掙扎，因為他無法創造價值。

第二條路：找一個具備營運總經理和企業總裁的高手一起創業，但成功是有風險的，成功率為30%～50%，而且他只是對方的一個部門。

第三條路：加入已有成功模型的企業，成功率最高，達到70%。但要加入團隊，需要接受團隊的價值和產品線，否則難以合作。

這就是領袖性格模式的人，他們不會替你判斷對錯，而是讓你在更高層次上進行選擇。當你無法搞定下屬時，可能是因為你還停留在領導模式，只在事情上分辨對錯。而生命邏輯適用於女人性格模式，商業邏輯適用於男人性格模式。對於一個營運總經理的學員，領袖會讓他自己決定是否繼續學習提升。

領導者是講對錯的。對於男人性格模式的人，你必須遵循他們的游戲規則。如果你沒有遵循甚至破壞規則，他們會認為你是錯的。同樣，對於女人性格模式的人，你需要支持他們，否則就是錯的。

我有一個學員是總經理，負責企業的營運。他可以選擇繼續擔任總經理，持續進行改良工作，但企業不會有發展和突破，會走下坡路。這時我讓他做出選擇，他也可以選擇擔任董事長，承擔企業所有升級的責任。

因為對於領袖性格的人來說，他選擇擔任總經理還是董事長沒有對錯之分，一切都是因果關係。選擇做總經理是你的「因」，相應的「果」

第九章　菁英團隊成長邏輯：五種性格領導力模型

就是企業停滯不前；選擇做董事長是你的「因」，相應的「果」就是你必須承擔起企業升級的責任，企業也會不斷突破。

領袖性格模式的人是只講因果，不講對錯。領導者才講對錯。對於男人性格模式的人來說，你必須遵循他們的遊戲規則。如果你沒有遵循甚至破壞規則，他們會認為你是錯的，反之亦然。對於女人性格模式的人，他們有自己的生命規則，認為應該支持別人，你也需要遵循他們的規則，即支持他人，否則就是錯的。但這種鬆散式地支持別人，結果可能是你得到了口碑，但無法獲得實際結果。如果你從女人性格模式轉向男人性格模式，你就會有結果，但口碑可能會下降。

因此，領袖性格模式的人先講規律，再讓你選擇，不講對錯，只講規律。他們顛覆女人性格模式的生命邏輯和男人性格模式的商業邏輯，進而為他們重新規劃路徑，並提供方法論和操作工具的支持，最終將大家統一在一起。男人性格模式只能統一弱者，但無法容納強者；女人性格模式雖然可以容納強者和弱者，但卻無法統一。

領袖性格模式的人駕馭強者就是對他們講規律，這幾年我講課都是講領袖性格的模式，比如，對待假承擔的人，我會用規律來輔導，根據他們不同的次第承擔的不同結果，讓他們自己選擇，80%的人聽了就明白了。

領袖性格模式的人的工作模式是高瞻遠矚、資源布局，對人進行全面規劃。先顛覆邏輯再做規劃。他們了解規律，會做長遠的布局和生命、商業的規劃。領袖性格模式的核心是提升人的層級，讓他們開悟智慧，提升層次，顛覆底層邏輯。領袖性格模式的人做的是未來的事情，所以他們會進行全面考量、本質升級、洞察根本，從根本上解決問題。只有解決根本問題，未來才能發展。他們是創造未來，在未來獲得重大成果的人，如表9-5所示。

第五節　領袖性格領導力：透過開悟方式駕馭他人

表 9-5 領袖性格模式的人的核心工作方式

1. 高瞻遠矚、資源布局的工作方式
2. 系統統籌、生命規劃的工作方式
3. 開悟智慧、提升層次的工作方式
4. 開悟規律、指導規劃的工作方式
5. 全面考量、本質升級的工作方式
6. 洞察根本、根本解決的工作方式
7. 深度反思、提煉規劃的工作方式

　　男人性格模式的人只講對的，他們只制定規則。女人性格模式的人則是如何帶人，他們要給別人成長的空間，要理解每個人都有自己的難處，不能為了錢而傷害人心。具備企業總裁能力的人，愛他就會讓他提高層次；具備營運總經理能力的人，愛他就培養他的能力；具備部門總監能力的人，愛他就是讓他感覺好，滿足他當下的一些情感需求。

　　領袖性格模式的人是先顛覆生命邏輯或商業邏輯，然後提供方法論和操作工具。完成這些步驟後，接下來的事情就可以靠他們自己去完成，這樣能夠從根本上解決問題。可以說，他們具有遠見卓識，擁有系統思考的能力，能夠研究事物本質規律並提前進行布局，制定中長期規劃，引導男人性格模式和女人性格模式的人走向生命的圓滿。

　　領袖性格模式也分為真承擔狀態的領袖性格模式和假承擔狀態的領袖性格模式，如圖 9-11 所示。

第九章　菁英團隊成長邏輯：五種性格領導力模型

```
領袖性格模式的兩種狀態 ── 真承擔狀態的領袖性格模式
                    └─ 假承擔狀態的領袖性格模式
```

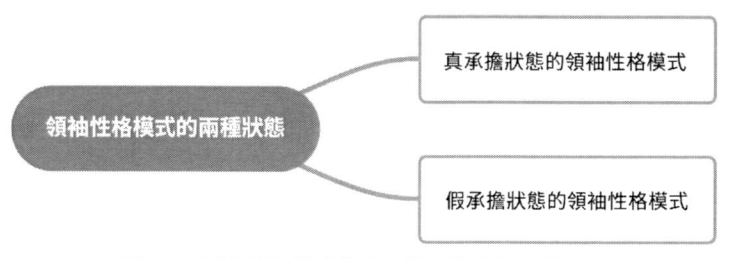

圖 9-11 領袖性格模式的真承擔狀態與假承擔狀態

1. 真承擔狀態的領袖性格模式

領袖性格模式的人的真承擔狀態是能夠根據不同人的需求和層級讓人開悟，他們能夠針對高層次的人採用提升兩個層次的方法，來使他們開悟。

2. 假承擔狀態的領袖性格模式

假承擔狀態的領袖性格模式則活在自我的思考空間裡，脫離現實，思想僵化，將空洞的理論當作實踐規律，是思想上的巨人、行動上的矮子，並且喜歡空談和說教，無法讓人真正領悟。

總結這五種性格模式的領導者，我們會發現，在企業管理中，領導者不要在乎員工的態度，而要關注他們的能力和層級，有智慧地處理問題。在了解了這五種領導力後，領導者可以對員工進行針對性的提拔，如圖 9-12 所示。

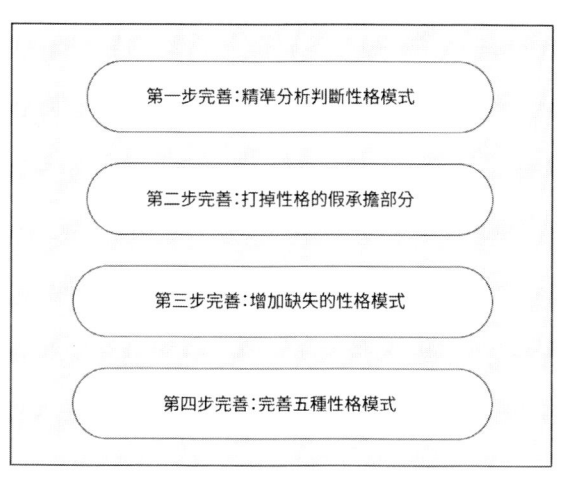

第五節　領袖性格領導力：透過開悟方式駕馭他人

```
┌─────────────────────────────────┐
│   第一步完善：精準分析判斷性格模式   │
│                                 │
│   第二步完善：打掉性格的假承擔部分   │
│                                 │
│   第三步完善：增加缺失的性格模式     │
│                                 │
│   第四步完善：完善五種性格模式      │
└─────────────────────────────────┘
```

圖 9-12　五種性格完善四步驟

　　企業在建立團隊時，可以使用女人性格模式來增強凝聚力，但這種模式無法統一強者。而領袖性格模式的人則能夠統一強者，將具有男人性格模式和女人性格模式的人整合在一起。

　　我在師董會（一個讓企業家在導師帶領下，彼此交流、共學成長的商業社群）時，曾經與 320 個企業的董事長合作過。他們都很強大，願意跟隨我，是因為我採用了領袖性格模式。我也教他們在師董會中採用這種做事模式，不要總是罵人，而是要啟發他們。我的企業雖然不大，但我具備領袖性格的特質，能夠用生命模式或商業模式進行設計，透過規律來改變邏輯，以此來引領大家。

　　企業在進行面試時，可以測試層次能力和性格模型。透過建立生命系統手冊，讓員工根據自己的性格特點與相關人員達成合作。這樣一來，企業內部的衝突可以減少百分之八十。無論是主管還是下級，在合作之前，人力資源部門都可以提供這個模型，讓他們了解自己的層次和性格。這也可以幫助他們選擇自己可以成長的方面。

第九章　菁英團隊成長邏輯：五種性格領導力模型

企業可以詢問他們帶團隊的性格、方法和路徑。女人性格模式和男人性格模式的方式完全不同，女人性格模式無法說出男人性格模式的方法，男人性格模式也無法說出女人性格模式的方法。

在成為領袖性格模式的人之前，需要先具備建團隊的經驗。在處理人際關係時，可以採用女人性格模式，因為女人性格模式更具包容性。在處理事情時，則可以採用男人性格模式。

如果企業文化偏向女人性格領導力，則可能會更注重目標的實現。領導者近乎神聖，而非凡人。在與外部人員打交道時，可以採用男人性格模式來與強者談判，與強者打交道時，需要讓他們有獲得感。也可以採用女人性格模式來吸引強者。因為男人性格模式的人擅長建立系統，而女人性格模式的人則擅長凝聚人心。

如果拓展能力較弱，就需要全員都成為負責人，負責人能夠藉助強者的力量，並且在組織內部或外部尋找資源。

第十章
打造優秀文化系統：
企業文化的升級成長

第十章　打造優秀文化系統：企業文化的升級成長

第一節　十合組織文化系統：法治、禮治、德治、道治、聖治

企業文化是企業的靈魂和核心競爭力之一，也是企業適應變化、吸引人才和提升形象的必要工具，對於企業的發展和成功至關重要。隨著企業的不斷發展，企業必須評估並重新審視自身的企業文化，能夠根據外部變化，不斷對文化進行升級更新，確保企業所有行動均在統一的架構下實施，以全新的視角尋求激發組織活力的關鍵點，以保持企業的競爭力，實現永續發展，如圖 10-1 所示。

十合組織文化（十全十美）

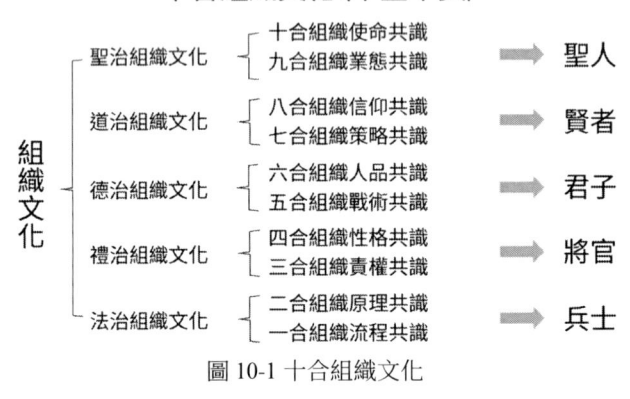

```
                ┌ 聖治組織文化 ┬ 十合組織使命共識
                │              └ 九合組織業態共識    → 聖人
                │
                ├ 道治組織文化 ┬ 八合組織信仰共識
                │              └ 七合組織策略共識    → 賢者
組織            │
文化 ───────────┼ 德治組織文化 ┬ 六合組織人品共識
                │              └ 五合組織戰術共識    → 君子
                │
                ├ 禮治組織文化 ┬ 四合組織性格共識
                │              └ 三合組織責權共識    → 將官
                │
                └ 法治組織文化 ┬ 二合組織原理共識
                               └ 一合組織流程共識    → 兵士
```

圖 10-1 十合組織文化

企業文化就是如何生存的問題，這是企業追求成功過程中所推崇的基本信念和奉行的準則，是企業員工贊同並遵循關於企業意義的終極判斷。而企業文化的真正作用，就是用來判斷企業執行中大是大非的基本原則，是企業大多數員工認可並遵循、提倡、讚揚的核心理念和行為方針，是企業在經營過程中堅持不懈，努力使員工都遵守的信條與模式。

那麼，企業文化的核心理念是以利益為本，還是以人為本，或者是以組織為本？如圖 10-2 所示。

第一節　十合組織文化系統：法治、禮治、德治、道治、聖治

企業真正文化

- **企業真正文化的概念**
  回答企業如何生存的問題，是企業追求成功過程中所推崇的基本信念和奉行的準則，是企業員工贊同並遵循關於企業意義的終極判斷。
- **企業真正文化的作用**
  用來判斷企業運行中大是大非的基本原則：
  是企業大多數員工認可並遵循、提倡、讚揚的核心理念和行為方針；
- 是企業在經營過程中堅持不懈，努力使員工都遵守的信條與模式。

以利益為本　VS　以人為本　VS　以組織為本

圖 10-2 企業文化的核心理念

1. 以利益為本的企業文化

企業文化以利益為本，即大家都看重結果時，就會出現能人文化、短視文化、機會文化等，這時，企業員工之間會不講真心，只是互相利用。具體來說，以利益為本的企業文化，又稱「五毒文化」，其特徵如圖 10-3 所示。

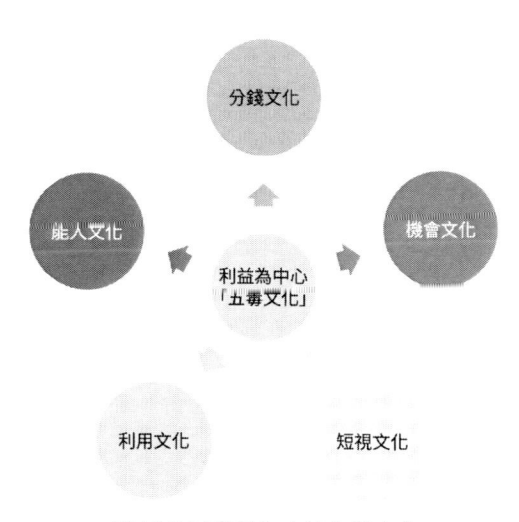

圖 10-3 以利益為本的企業文化

第十章　打造優秀文化系統：企業文化的升級成長

　　第一毒是英雄野心，形成各自為戰的能人文化。

　　第二毒是利益導向，形成激勵刺激的分錢文化。

　　第三毒是善捕商機，形成善打巧戰的機會文化。

　　第四毒是只爭朝夕，形成瘋狂收割的短視文化。

　　第五毒是各自發揮，形成彼此利用的利用文化。

　　以利益為本的企業文化最終會導致個人很強大，組織很衰弱，企業無法形成合力。這種文化只在市場很廣闊，競爭不激烈的時候適用，個人能力強反而會獲得更多的結果。

2. 以人為本的企業文化

　　企業以人為本時，會允許並重視每個人真實的想法和需求，設計優質的管理體系，與員工進行想法溝通，以提高員工素養並開發其潛能。以人為本的企業文化包括以下幾點，如圖 10-4 所示。

```
    任務      相信      原理
     │        │         │
     └────────┼─────────┘
              │
      ┌───────────────┐
      │ 以人為本的企業文化 │
      └───────────────┘
```

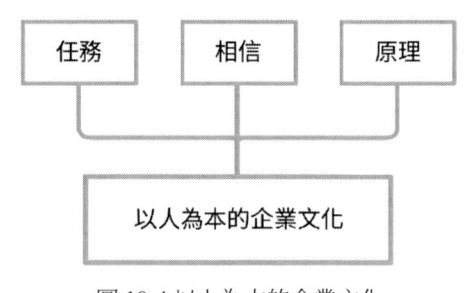

圖 10-4 以人為本的企業文化

(1) 任務

　　設計優質管理體系，與員工進行想法溝通，提高員工素養並開發潛能，塑造企業文化，使員工需求得到最大滿足。

(2) 相信

相信隱藏在員工內心的自我實現感、成就欲、事業心、自尊、自愛、自強心理與主動性、創造性，將會自然地發揮出來，他們會自覺地與管理者一起盡全力把工作做到最好。

(3) 原理

管理者從心底尊重員工、理解員工，相信員工能把工作做好，員工有做最佳員工的內在原始衝動。

以人為本的企業文化必須是建立在假設人性都是積極向善、都有大局觀的基礎上，但人性是複雜多變的，有時個人的私欲膨脹，影響企業凝聚力的形成，企業也就無法形成強而有力的競爭。

3. 以組織為本的企業文化

以組織為本的企業文化，即企業每個人都要為組織創造價值，亦即為客戶創造價值。員工對企業的發展願景和未來規劃、企業組織有著高度一致的認同感，員工為了實現企業的發展願景都願意為組織創造價值，並且會做出職位要求以外的努力，讓企業整體形成強大的系統競爭力。

企業文化事實上並不由我們主觀意願去選擇和決定，早在1990年代，市場競爭並不激烈，企業文化不需要過多考慮員工的人品，只以「能力」為王，企業自然以利益為本；2000年至2015年，企業文化隨著市場的變化而轉為以人為本；在2015年以後，隨著市場陷入高度同質化競爭，企業開始全面轉型，並且逐漸進入以組織為本的時代。

企業經營目標為持續盈利，依靠的是企業組織產生的系統競爭力，而企業的系統競爭力依靠的則是組織文化，如圖10-5所示。

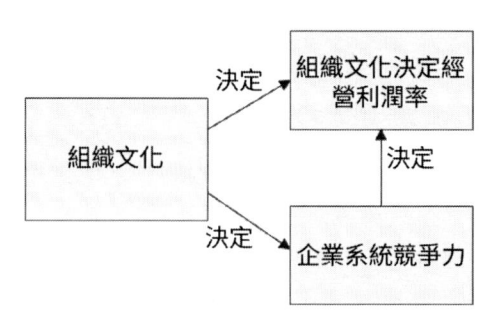

第十章　打造優秀文化系統：企業文化的升級成長

圖 10-5 組織文化與企業系統競爭力和經營利潤率關係圖

　　組織文化系統由法治組織文化、禮治組織文化、德治組織文化、道治組織文化和聖治組織文化五種文化構成。

　　組織文化的核心在於它同時承擔起跨職位的責任、跨部門的責任、跨中心的責任和跨企業的責任。所謂組織文化即意味著一個整體，職位與職位、部門與部門、中心與中心等的銜接需要達成高度的一致，即承擔「跨」的責任。

(1) 法治組織文化

　　法治組織文化重在解決流程問題，即將看得見的制度流程達成一致。文化是一種能力，法治組織文化重在解決事情，在事情上與別人達成一致說明你具備法治組織的能力。

　　法治組織文化由一合組織流程共識與二合組織原理共識兩個層面構成，如圖 10-6 所示。

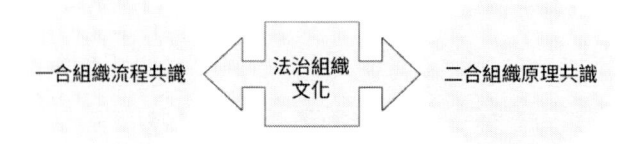

圖 10-6 十合組織文化：兵士樣貌

共識是指基層員工在工作中秉承「組織為大我為小」的理念，他們不爭對錯，因為個人對錯、優秀與否沒有任何意義，只有職位與職位、部門與部門、中心與中心達成高度共識才會形成組織力。另外，有共識心的人不允許組織裡有不同的思想，因為一旦有不同的思想，時間久了，組織內的衝突就會越來越大，組織力也會因此受到破壞。

一合組織流程共識：工具方法、業務流程。

一合組織流程共識即在賦能行為中的工具、方法與流程達成一致，以確保業務流程暢通。

二合組織原理共識：溝通原理、共識解題。

二合組織原理共識即在工具、方法和流程無法達成一致的情況下，就達成其背後原理的高度共識，進而達成工具、方法和流程的一致。例如，團隊不能對考勤制度達成一致共識時，就要進一步講明制定考勤制度的原因和原理，在達成原理共識的基礎之上自然也就達成了工具、方法與流程的共識，即強迫式變成引導式、妥協式變成平衡式、封閉式變成協調式、對抗式變成磨合式。對上溝通是擴大格局，平行溝通是突出格局，向下溝通是縮小格局。

(2) 禮治組織文化

禮治組織文化重在解決合作問題，其核心是指企業在尊重人性的次第和性格基礎之上，讓團隊成員之間的合作特別和諧。換言之，禮治組織文化重情，在部門主管的帶領下，能夠讓團隊和諧，合作非常默契，彼此取長補短，就說明領導者具備禮治組織的能力。

禮治組織文化由三合組織責權共識與四合組織性格共識兩個層面構成，如圖 10-7 所示。

第十章　打造優秀文化系統：企業文化的升級成長

```
三合組織責權共識  ⟨  禮治組織
                    文化   ⟩  四合組織性格共識
```

圖 10-7 十合組織文化：將官樣貌

三合組織責權共識：職位組合能力分工。

三合組織責權共識，是依據以次第為核心的人才發展勝任力模型定職位，並賦予其相應的責權利。如果沒有以次第為核心的人才發展勝任力模型導入，那麼職位責權利則永遠無法達成一致。換言之，精確辨識員工的次第才可能精確為其安排職務，才能更好地分工合作，來達成最優的合作方式與方法，最終達成團隊合作模式的共識。

四合組織性格共識：性格合作，互補合作。

四合組織性格共識關鍵在於理解性格。性格是什麼？性格是一種能力。

我們在人才團隊部分已經為大家導入了五種性格模式與性格能力工作模式。

女人性格模式的特點是關注你當下的需求，透過支持別人來獲得結果，這種支持是點狀的，所以你和他合作要知道結果是不可控的。當市場競爭不激烈的時候，他很容易成功；當市場競爭激烈的時候，由於他們進行各種嘗試就會特別浪費人力和物力。

男人性格模式的特點則是關注目標，「你必須跟著我走，全力以赴地成為我的系統的一分子，如果不跟著我走我就不和你合作」。男人模式是對所做的所有事情都要有可控的標準模式，因為他是要建系統的，所以會要求各個環節都需要在他的掌握之中。男人性格模式不但要建構系統，而且他對未來需要有明確的規劃和路徑。

和女人性格模式的人合作永遠不要期望他可以建系統，他根本就沒有系統觀，只在他擅長的方面給予你支持。男人性格模式則是只要和結果有關聯，無論他擅長與否，他都會給予支持。如果在某一方面不能給予你支持，他就會解決這一方面。男人性格模式和女人性格模式都是帶領團隊的領導者，他們都有核心的思想和邏輯。

駕馭男人性格模式和女人性格模式的是領袖性格模式！領袖性格模式從來不講對錯，他只會對你講事情背後的本質邏輯，然後給出三條路徑及相應的結果讓你選。領袖透過開悟他人的方式來駕馭他人。

女孩性格模式的特徵是目標性很強，他的目標就是「我要追隨老大，我要吸收消化老大教授給我的東西，讓我在這個系統中得到更大的支持和收穫」。女孩性格模式的人學習能力很強，但是所學的東西聚焦於系統內的知識。

男孩性格模式的特徵是對新鮮事物充滿好奇，喜歡探索新鮮未知的事物，為人真性情。換句話說，男孩性格模式的人喜歡做自己喜歡的事情，不喜歡的事情就不做。

因此，四合組織性格共識關鍵在於理解性格，你見到一個人就知道對方能做什麼，於是你便清楚如何取其之長，補其之短，將對方的優點用到極致，同時用團隊的方式彌補其缺點。這樣的結果就會使內部的團隊非常和諧。

(3) 德治組織文化

德治的本質是造福生命的能力，領導者用公心待人待物，用生命格局承載企業，他的行事作風踐行的是「君子之道」。因為他知道，企業越要長久發展，越要為客戶、團隊、社會種下許多功德，德治之魂能讓團隊種大善因結大善果。

第十章 打造優秀文化系統：企業文化的升級成長

德治組織文化旨在了解企業的痛點和難點，並予以解決，同時承載企業的難題和目標。具備德治組織能力的領導者能夠與他人達成一致的解決方案，並相互合作攻克難題。

德治組織文化由五合組織戰術共識與六合組織人品共識兩個層面構成，如圖 10-8 所示。

五合組織戰術共識 ⇔ 德治組織文化 ⇔ 六合組織人品共識

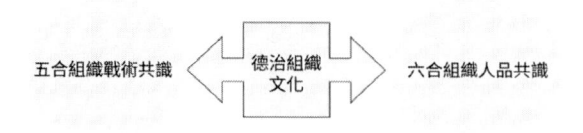

圖 10-8 十合組織文化：君子樣貌

五合組織戰術共識：目標突破建模系統。

五合組織戰術共識即影響並啟動對方能力成長意願，開悟對方通透次第邏輯，並自願承擔更多責任，達成帶領團隊次第提升的共識。包括：團隊組織建設以做事的邏輯突破為核心，邏輯突破在於生涯規劃；投入突破的能力與資源，採取戰術突破性合作方式；責任在手，成事在天：藉上級、上師、上位賦能對方；能力突破即各種部門邏輯與部門能力建設的過程。

六合組織人品共識：人品合作，全心扶持。

六合組織人品共識即影響並啟動對方能力成長意願，開悟對方通透性格邏輯，並自願承擔更多責任，達成帶領團隊性格突破的共識。包括：團隊組織建設以為人的邏輯突破為核心，邏輯突破本質上是性格的發展規劃；用自身的人品賦能對方，影響對方建立深度合作關係；用人品與品德賦能對方的團隊與企業，獲得彼此的深度信任。

(4) 道治組織文化

　　道治就是企業全體員工生命開悟的生命之道，正如《道德經》中說：「上善若水，水善利萬物而不爭，處眾人之所惡，故幾於道。」領導者心寬似海，像水一樣具有包容、溫和的特點，有格局和胸襟，具有賢者風範，讓員工得以自由發揮，最終達到人人持續升級，鳳凰涅槃的境界，道治之魂是讓團隊開悟商業哲學，讓企業永續經營、基業長青，如圖10-9所示。

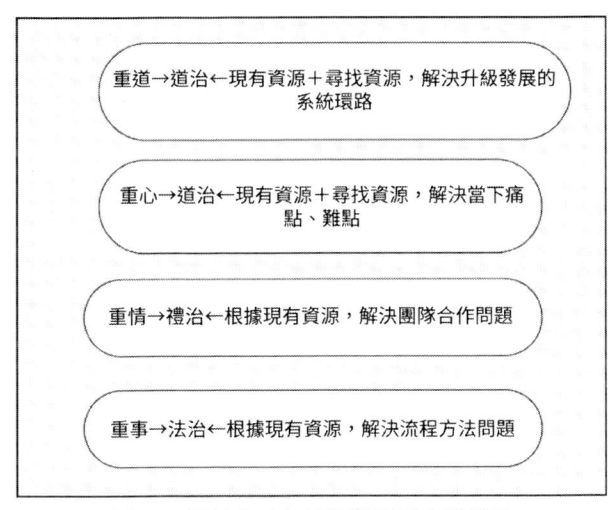

```
重道→道治←現有資源＋尋找資源，解決升級發展的
　　　　　　系統環路

重心→道治←現有資源＋尋找資源，解決當下痛
　　　　　　點、難點

重情→禮治←根據現有資源，解決團隊合作問題

重事→法治←根據現有資源，解決流程方法問題
```

圖 10-9 道治之魂是讓團隊開悟商業哲學

　　道治組織文化旨在使組織達成企業整體升級的目標，即升級的目標一致，方法一致。因此，具備道治文化的人能夠推動企業整體升級，大家步伐一致，共同成長。

　　道治組織文化由七合組織策略共識與八合組織信仰共識兩個層面構成，如圖10-10所示。

第十章　打造優秀文化系統：企業文化的升級成長

```
七合組織策略共識  ⇔  道治組織文化  ⇔  八合組織信仰共識
```

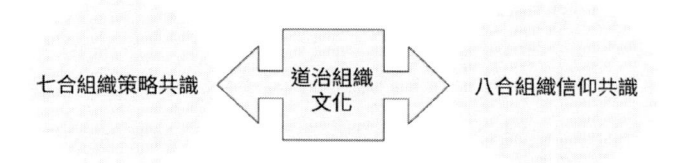

圖 10-10 十合組織文化：賢者樣貌

七合組織策略共識：團隊資源，策略規劃。

七合組織策略共識旨在推動企業升級，推動策略團隊達成突破企業升級的方向達成共識。包括：顛覆策略合作者對企業轉型升級的商業哲學；賦能策略性合作夥伴，追求企業持續成長發展的目標共識；賦能企業升級完整環路的策略合作共識。

八合組織信仰共識：胸懷天下，格局視野。

八合組織信仰共識旨在改變企業信仰，推動企業在世界觀、價值觀和人生觀達成共識。包括：顛覆策略團隊的生命覺悟，達到對生命哲學的共識；用生命格局、胸懷、視野賦能未來的規劃共識；賦能對方的生命信仰，影響對方生命信仰的持續進化。

(5) 聖治組織文化

《道德經》中說：「聖人無常心，以百姓心為心。」聖治的本質是讓彼此生命合一，仁愛一切眾生，這是聖人的修身、齊家、治國、平天下的精神，讓家人族人企業的員工走向成功至善，最終達到無為而治，無為而不為的境界，如圖 10-11 所示。

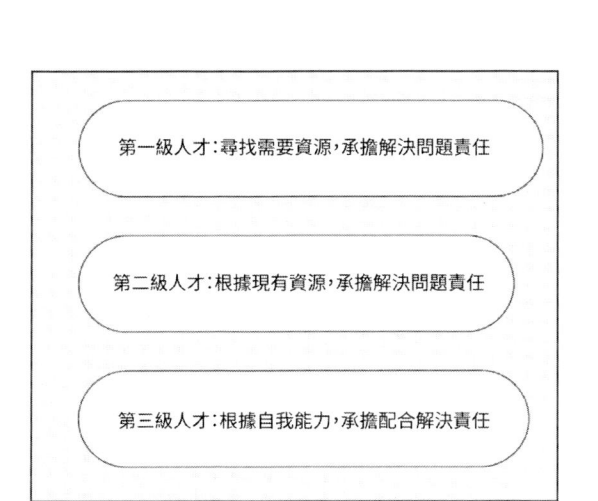

第一節　十合組織文化系統：法治、禮治、德治、道治、聖治

```
┌─────────────────────────────────────┐
│   ╭─────────────────────────────╮   │
│   │ 第一級人才:尋找需要資源,承擔解決問題責任 │   │
│   ╰─────────────────────────────╯   │
│                                     │
│   ╭─────────────────────────────╮   │
│   │ 第二級人才:根據現有資源,承擔解決問題責任 │   │
│   ╰─────────────────────────────╯   │
│                                     │
│   ╭─────────────────────────────╮   │
│   │ 第三級人才:根據自我能力,承擔配合解決責任 │   │
│   ╰─────────────────────────────╯   │
└─────────────────────────────────────┘
```

圖 10-11 聖治的三級人才

　　聖治組織文化旨在生命走向合一和至善。

　　聖治組織文化由九合組織業態共識與十合組織使命共識兩個層面構成，如圖 10-12 所示。

```
九合組織業態共識  ⟵⟶  聖治組織文化  ⟵⟶  十合組織使命共識
```

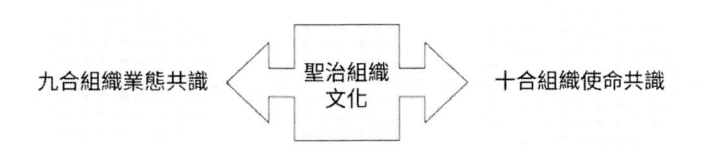

圖 10-12 十合組織文化：聖人樣貌

　　九合組織業態共識。

　　發心賦能創造行業生態發展，為企業生態圈良性持續發展擔當起全部責任的合作方式。

　　十合組織使命共識。

　　賦能終極願景與使命，成為全心全意天人合一的一家人世界觀，創造更有使命感的聖賢合作。

第十章 打造優秀文化系統：企業文化的升級成長

升級前的創業團隊一般都是五合以上的人，具備局部突破的能力，同時又可以推動團隊次第提升和能力突破，承擔更多的責任。而組織文化是對組織有影響力和推動力，影響和推動組織達成一致共識的能力。圖 10-13 是企業組織文化的四個層次。

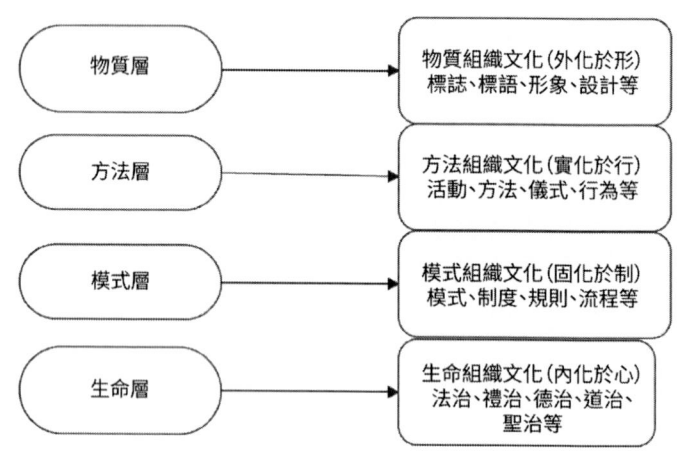

```
物質層  →  物質組織文化(外化於形)
           標誌、標語、形象、設計等

方法層  →  方法組織文化(實化於行)
           活動、方法、儀式、行為等

模式層  →  模式組織文化(固化於制)
           模式、制度、規則、流程等

生命層  →  生命組織文化(內化於心)
           法治、禮治、德治、道治、
           聖治等
```

圖 10-13 企業組織文化的四個層次

十合組織文化建設實務工具，如圖 10-14 所示。

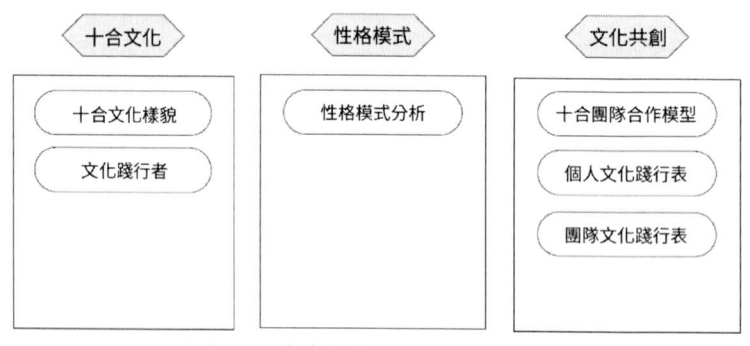

```
〈十合文化〉        〈性格模式〉         〈文化共創〉

十合文化樣貌       性格模式分析        十合團隊合作模型

文化踐行者                             個人文化踐行表

                                      團隊文化踐行表
```

圖 10-14 十合組織文化建設實務工具

第二節　企業五環文化模型：不同階段的責任和擔當

十合組織文化建立層級要擔當起五環模型。五環模型即由第一環策略層級、第二環經營層級、第三環管理層級、第四環實施層級、第五環執行層級，分別擔當不同的企業文化之責任，如圖 10-15 所示。

願景責任	→	策略層擔當
使命責任	→	經營層擔當
價值觀責任	→	管理層擔當
行為規範責任	→	實施層擔當
操作標準責任	→	執行層擔當

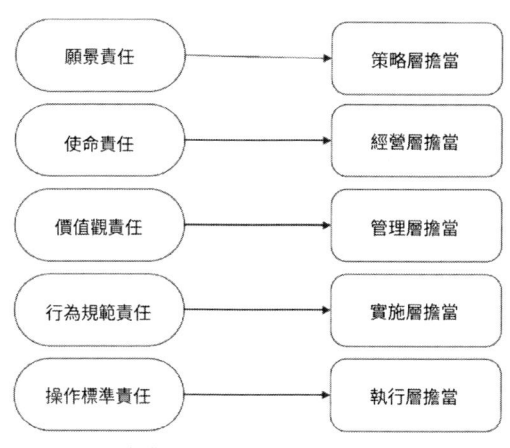

圖 10-15 企業五環文化不同階段的責任和擔當

1. 策略層級與願景責任

策略層級要擔負起企業未來 3～5 年成為什麼樣子，也就是企業願景，主要包括企業發展的方向、目標、理想、願望，以及企業自我設定的企業責任和義務，其中關係企業對社會的影響力、在市場或行業中的地位、與客戶和股東等的利益。

A 電器公司的企業願景是「締造全球領先的冷氣企業，成就百年的世界品牌」，呈現出簡明清楚的企業發展方向，而且具有很強的感召力；華為的企業願景是「豐富人們的溝通和生活」；奇異的企業願景是「使世界更光明」。

第十章 打造優秀文化系統：企業文化的升級成長

這些企業的願景都呈現出清楚明確的企業發展方向，同時說明了企業的責任和義務，以及背後對社會可能產生的影響。

由此可見，企業願景責任雖然由策略擔當，但企業經營層在擔負起責任的同時也要了解企業未來 3～5 年發展的方向和目標。

2. 經營層級與使命責任

經營層級要擔當起企業使命責任，即圍繞企業發展願景所需要完成什麼任務，以及說明為什麼要完成這些任務，這些任務的必要性是什麼，能為社會作出怎樣的獨特貢獻。

經營層級決定著企業的業務性質、經營理念和發展方向，決定將為客戶提供什麼樣性質的產品和服務。

華為的使命責任是「聚焦客戶關注的挑戰和壓力，提供有競爭力的通訊解決方案和服務，持續為客戶創造最大價值」。華為的使命責任的口號強調了責任至上和用心服務，非常明確地回答了企業的任務是什麼、企業的業務性質是什麼、經營理念是什麼，以及企業未來發展方向是什麼。

A 電器公司的使命責任是「弘揚工業精神，追求完美品質，提供專業服務，創造舒適環境」。這一使命和責任反映了 A 電器公司作為一家領先的企業，對於自身的定位和社會的承諾。A 電器公司的使命責任涵蓋推動工業進步、追求卓越品質、提供專業服務和創造舒適環境等方面。展現了 A 電器公司對於社會、客戶和自身發展的承諾。

奇異的使命責任是「以科技和創新改善生活品質。目標成為世界上最有競爭力的企業，讓公司的每一個業務領域都能在市場上占據第一、第二的位置」。奇異這一使命和目標反映了奇異對於社會責任和商業成功的雙重關注。

第二節　企業五環文化模型：不同階段的責任和擔當

由此不難發現，企業的使命責任就是在自身發展的基礎上，為民造福、為社會作出積極的貢獻。

3. 管理層級與價值觀責任

管理層級需要擔當企業價值觀責任，即基於一定的思維感官之上做出的認知、理解、判斷和抉擇，從而表現人、事、物的價值或作用。

華為的價值觀是「成就客戶、艱苦奮鬥、自我批判、開放進取、至誠守信、團隊合作」，即呈現出認定事物、辨別是非的價值取向。

A電器公司的價值觀是「少說空話、多做實事、品質第一、顧客滿意、忠誠友善、勤奮進取、誠信經營、多方雙贏、愛職敬業、開拓創新、遵紀守法、廉潔奉公」。

奇異的價值觀是「堅持誠信、注重業績、渴望變革」，同樣是一種認定事物、辨別是非的思維。

企業價值觀的責任在於指導企業內部的行為和決策，塑造企業文化，建立信任和聲譽，促進永續發展，並為社會創造共享價值。

上一章我們了解到十合組織的文化系統。現在我們展開介紹打造三合、四合、五合和六合組織的價值引領。

三合組織責權共識的價值引領分為前、中、後三期，前期是執行、實做、務實、認真、踏實；中期是堅守、務實、品質、專業、能力；後期是穩重、穩定、敬業、擔當、責任。

四合組織性格共識的價值引領分為前、中、後三期，前期是配合、互助、理解、合作、誠信；中期是團結、友愛、和諧、合作、真誠；後期是尊重、認可、共識、感恩、信任。

第十章　打造優秀文化系統：企業文化的升級成長

　　五合組織戰術共識的價值引領分為前、中、後三期，前期是破局、突破、奮鬥、向上、改善；中期是精進、開拓、學習、高效、成長；後期是進取、優質、創意、創新、卓越。

　　六合組織人品共識的價值引領分為前、中、後三期，前期是用心、付出、陪伴、關心、支持；中期是全心、奉獻、分享、包容、感恩；後期是扶持、共享、胸懷、真愛、格局。

　　三合組織是個體型企業，四合組織是生意型企業，進入經營型企業需要五合組織，總部型企業則需要六合組織，所以企業的組織價值觀直接影響企業的發展。

　　那麼，如何培育企業價值觀呢？

　　我們用五個價值觀詞彙代表組織發展的目標，即求實、進取、創新、協同和共享。這五個詞分別是一個個人突破價值觀，兩個組織突破價值觀和兩個組織扎實價值觀。這樣設計價值觀構成是基於個人突破轉向達成組織一致突破共識，換句話說，個人在團隊中需要一年的時間完成思想和行為突破，認同並與組織融為一體，形成「組織為大我為小」的思想共識，在此基礎上自然達成了組織突破的共識，進而再鞏固以進一步將其落實。

　　企業的核心價值觀為求實、進取、創新、協同和共享。求實、進取是態度，即實事求是、積極進取、工作主動負責，不浮誇不敷衍。協同是方法，即做好本職工作的同時，關注上層主管思想，了解下層員工狀態。創新是結果，即不拘一格，靈活做事，一切以服務客戶需求為中心。共享是價值，即成果需與創造者共享，心得需與同事共享，為社會負責，共分享共成長。

　　求實、協同分別是三合組織責權共識和四合組織性格共識的內容，代表組織突破價值觀；進取和創造是五合組織戰術共識的內容，代表組織扎實價值觀；共享是六合組織人品共識的內容，代表個人突破價值觀。

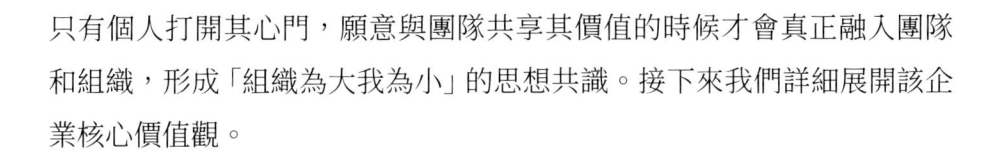

第二節　企業五環文化模型：不同階段的責任和擔當

只有個人打開其心門，願意與團隊共享其價值的時候才會真正融入團隊和組織，形成「組織為大我為小」的思想共識。接下來我們詳細展開該企業核心價值觀。

1. 求實

衡量求實的標準分別是追根究柢、結果導向、做十說九。追根究柢是指凡事要精益求精，不管做什麼事都要問五個「為什麼」。結果導向是指有實實在在的結果，就是要追求終極目標而非表層指標。在這個角度上，求實有真假之分，只會低頭拉車，不知抬頭看路，為了達成目標而達成目標，這是假求實。真求實是在過程中發現目前的路徑無法實現目標，在有決策權的情況下會及時調整；如沒有決策權則會及時向上反映，以便及時做出調整。真求實是為了實實在在拿到結果。做十說九是一種風格，正如俗話所說的「光說不練沒用，只練不說可惜，說得出、做得到，才是真本事。」。

2. 進取

進取，就是永不滿足，把5%的希望變成100%的現實，把不可能的事做成可能，我們從以下三個維度加以詮釋。

(1) 主人心態

主人心態，是做工作的主人，工作是自己的事情。傅利曼（Milton Friedman）說：「花自己的錢，辦自己的事，既講節約又講效果；花自己的錢，辦別人的事，只講節約不講效果；花別人的錢，辦自己的事，只講效果不講節約；花別人的錢，辦別人的事，既不講節約又不講效果。」

第十章　打造優秀文化系統：企業文化的升級成長

(2) 竭盡全力

對工作竭盡全力，就是即使希望再小也要竭盡所能，全力衝擊。

(3) 持續進步

持續進步就是在工作中不斷地提升自己。成功者是自覺的「革命者」，他們都是不待揚鞭自奮蹄的人。在工作中不斷跟自己比。比如，去年比前年成長了多少？今年比去年成長了多少？那麼接下來明年應該比今年成長了多少？或者和競爭對手比。比如，競爭對手的年度目標是多少？競爭對手的年度業績是多少？如跟對手差距大，該如何調整策略？或者跟同業標竿對象比。人家做了多少？自己和它的差距還有多少？或者跟公司中長期目標比⋯⋯經過不斷對比來調整自己的步伐和打法，確保拿到預期的結果。

3. 創新

創新包括兩個方面，一方面是從無到有，從 0 到 1，創造出一個新產品、新服務；另一方面是從有到優，將現有的產品和服務不斷改良、完善。

創新就是打破常規，即成功地「違規」。創新必須滿足使用者需求，企業生產出的產品是否不可或缺、消費族群是否龐大等。創新要靈活應變，講究方式方法，方法得當，事半功倍；方法不得當，事倍功半。

4. 協同

分工合作是協同的核心，可以從向上思考、向下執行和責任擴展三個維度加以詮釋。協同就是向上思考，向上思考是最深層的負責任，

站在山頂找出路。向上思考有五層內容，第一層是履行責任，第二層是解決問題，第三層是防區延伸，第四層是關注結果，第五層是關注終極目的。

協同就是向下執行，管一層，看兩層，不但要直接管理 N-1，還要了解 N-2 的工作動態。因為看到下級的屬下在做什麼，基本上可以判斷你的下級目標。

協同就是責任擴展，掌握「一個原則兩個度」。一個原則即工作交接原則，前後棒交接，出現問題則前棒負全責。兩個度即站在全局高度，站在自己的角度。

5. 共享

共享就是把自己的學識、經驗、收穫、資源等拿出來，主動與同事、夥伴、社會等共享。同事之間的共享是每個員工進步的泉源，也是提高整體員工水準的重要方法。檢討回顧是最有效的學習方法，而檢討回顧就是同事之間認知共享的過程。公司是共享的平臺，作為最初的夥伴共同創造公司當然要共享公司發展的成果。

求實、進取、創新、協同和共享，這五個企業核心價值觀概括起來就是三個字，即「走正道」。它不是每天掛在嘴上高調的口號，而是需要企業去踐行，並且要融入於組織思維和行為中。

綜上所述，實施層級在企業中需要擔當起行為規範責任，即承擔起員工在人際關係情景中的社會性適應，使其自主選擇行為的價值取向，實現規範接受及內化。行為規範的接受和內化程度直接影響其穩定性，行為規範接受的程度越深，內化程度越深，規範行為就會越穩定。

第十章　打造優秀文化系統：企業文化的升級成長

第三節　道德文化的領導力：生命成長經歷的五階段

企業道德文化的領導力是指領導者在企業中透過道德行為和價值觀的引導，激勵和影響員工，推動企業道德文化的建設和發展。現代企業必須習得和掌握商業九環的策略布局和戰術打法。

董事長必須擔負起前三環的責任，就是將自己的次第提高至總部董事長層級，搞定企業發展過程中所需的結構化資源，轉向升級創業團隊。前三環實質上就是一個企業的驅動力——第三環創業團隊內驅、第二環資源團隊賦能和第一環董事長掌舵。

重塑創業團隊，管理團隊需具備五合與局部六合的能力。經營團隊要具備六合與局部七合的能力，既要具備改變他人性格、人品、格局和胸懷的能力，又要具備局部推動達成企業發展方向、戰術打法的共識的能力。策略團隊要具備七合與局部八合的能力，既要具備推動達成企業發展方向、戰術打法的共識，推動企業快速升級的能力，又要具備局部改變企業世界觀、價值觀和人生觀的能力。

一個企業發展的推動力量是由策略層、經營層和管理層構成的創業團隊，四合及四合以下能力的團隊用來守業，以提高企業運作效率。

那麼，如何培養五合、六合的能力呢？

培養五合、六合能力的核心在於達成團隊成長的共識，並作好團隊每個生命階段的提前成長預案。生命成長要經歷五個階段，即理論階段、挫折階段、個變階段、團變階段和系變階段，每個階段又配套相應的方法和預案，如圖10-16所示。

第三節　道德文化的領導力：生命成長經歷的五階段

```
理論階段──訓練方式：低心法高戰法
挫折階段──力挺方式：高心法高戰法
個變階段──拓展方式：高心法中戰法
團變階段──資源方式：中心法中戰法
系變階段──開悟方式：中心法低戰法
```

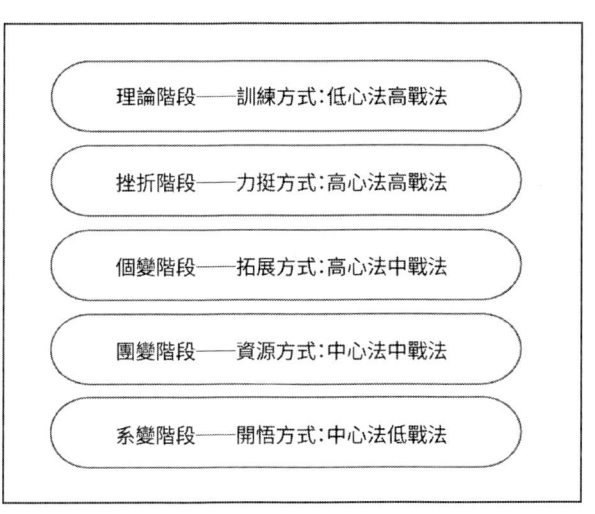

圖 10-16 道德文化領導力五階段

1. 理論階段 ── 訓練方式：低心法高戰法

理論階段所掌握的是理論，潛意識認為理論能力就是解決問題的實際能力。雖然個人很有動力，有做事的意願，而且具備強烈的求知欲和探索欲，但是由於掌握的只是理論，缺乏實務經驗，對企業、團隊、領導者以及事務缺乏深刻的體驗，所以很難與團隊建立信任。

同時，理論階段的人常常有過高的、不切實際的定位和期待，過高評估自己的能力又過低判斷系統的難度，很難聽得進領導者和高手的意見，對他人的指導表現出強烈的牴觸。這就導致理論階段呈現出的突出特質就是高定位和低能力。

這個階段不要去改變對方，因為理論派的思維結構是框架思維，框架不正確，無法落實；框架不全面，無法落實。理想期的假我只有死過才能對實戰有感覺。我們應當在具體事務中加以訓練和指導，盡可能讓他了解真實的人。全面立體地為他介紹公司的整體框架、文化、人員、

第十章　打造優秀文化系統：企業文化的升級成長

流程等情況，以及其職位的工作內涵和流程。在工作中配套與之能力相應的訓練。同時，對其態度表示肯定，以鼓勵為主，但也要打好預防針，降低期望值，消除可能產生的龐大落差。

理論階段的人對企業缺乏真正的信任，其關係只是浮於表面的形式，只有在同一個戰壕戰鬥過才可能使雙方建立信任。所以，該時期的重點在於觀察他的穩定特質為基礎的預測模型並作出報告，清楚了解對方的工作思路、工作方法、核心能力和性格能力，以及知識與實務盲點。

2. 挫折階段 ── 力挺方式：高心法高戰法

挫折階段是指員工面對工作上遭遇的困難和挫折，期望與現實的極大反差，使得他們自信心受挫，打起了退堂鼓。這個時候會產生沮喪的情緒，對公司、主管和同事心生不滿，認為結果不佳是公司、主管和其他同事的問題。同時，由於內心的受挫和痛苦，想逃離現狀，以換工作、換環境來逃離目前的困境。理論階段呈現出的突出特質就是低定位。

挫折期本質是理想與現實碰撞之後所形成的極大心理反差，懷疑自己與懷疑公司的心理並存，導致內心受挫。這個時期的人對團隊極不信任，往往帶著痛苦和無力往前走，這個階段能否活下來是關鍵。

這個時期的領導者是最辛苦的，他需要親力親為協助對方完成工作，直接賦能對方資源和機會，在不斷獲得小成果時，手把手地教對方具體做法，提升對方的實務能力並得到結果。同時，心理的建設也極為重要，用情溫暖對方，給予正面的鼓勵和肯定。重點在於領導者理解困難、承擔責任，並給予處在這一時期的人一個分解方案。

3. 個變階段 —— 拓展方式：高心法中戰法

員工在個變階段已經具備獲得結果的能力，對自己的角色定位、具體的目標規劃有清楚認知，信心有所提升，對未來有一定的理解和願望。在具體工作中能夠感受到團隊的支持，對團隊、主管和同事也更加信任。但是，由於他在這個階段不具備解決複雜問題的能力，特別是解決新難題的能力，對未來有很強的不確定性，所以提升能力、突破成長瓶頸期和掌握人生次第成長的要訣是個變階段的成長重點。

個變階段是員工生命拓展的關鍵期，是個人成長的開始，焦點集中在自身能力的突破，初步掌握解決複雜難題的能力。這就需要領導者出面幫助他們重建與導師或企業教練內在關係與外在關係模式，培養對方成為自我領導者，協助其規劃個人能力突破的階段性目標。那麼，身處個變階段的人則是要學會藉助導師或企業教練的力量達到自身能力的突破，並協助對方將成長模式運用到工作實務之中。所以，該時期的重點在於建立該時期人的成長模型、協助其賦能導師或企業教練和持續不斷推進。

4. 團變階段 —— 資源方式：中心法中戰法

處於團變階段的員工已具備達成目標的持續動力和能力，有完整的、系統的解決方案，懂得藉助各種資源獲得結果，所以該階段聚焦於高績效和高目標地完成。在和團隊成員的合作上可以發揮帶頭、表率的作用，並願意支持他人，已進入團隊領導者的行列。

進入團變時期的員工已經完全掌握了成功的因子，能夠掌握自己的命運，而且持續不斷地學習，進取心強，擁有更大的工作目標。該階

第十章　打造優秀文化系統：企業文化的升級成長

段，建立團隊是其成長重點，領導者應著重在帶團隊、建團隊、團隊突破和團隊領導方面加以培養。

對於團變時期的員工，領導者切記不宜干涉過多，應該著重培養團變階段的人領導團隊的能力，協助對方帶團隊，對領導者所走之路給予指導並嘗試建立模型。同時，領導者要包容對方，搭好舞臺交由對方充分發揮，允許對方在探索中犯錯，而且要在關鍵點上給予及時的指導和支持。

5. 系變階段 ── 開悟方式：中心法低戰法

系變階段的員工已經超越小我狀態，具備高層次的全局觀，希望團隊好、企業好。由於自身的成長和所獲得的成就，對個人、團隊和企業的發展有極大的信心，願意與企業共進退。所以，系變時期的員工焦點集中在配合企業和組織的長期發展，根據企業策略規劃，主動承擔起跨部門、跨中心、跨企業的責任。

隨著心胸和格局持續擴展，系變階段的員工和企業已經進入共生共長的合作狀態，願意嘗試更多的工作和承擔更多的責任，為團隊整合更多資源，並扶持組織升級，培養強悍的跨職位團隊，以配合企業的策略，助力企業發展得更好。

系變階段的員工需要領導者對人生觀、價值觀和世界觀予以點悟，為他打開格局、胸懷和視野，幫助他建立起經營思維和策略思維，成為真正精通商業哲學的經營者。除此之外，領導者還要協助雙方打破職位職責的限制，打破企業的限制，幫助其從上下游方面來思考企業系統，只有大系統才是真正的企業系統，同時雙方一同建立合作圈和共生圈，以及企業的資源支持系統。

由此可見，員工生命成長在第一、第二階段的目標是在四合能力獲得突破。

第一階段的核心在於人文關懷、職位訓練和企業介紹，第二階段的核心在於理解困難、承擔責任和分解方案。

生命成長第三階段是四合能力突破過渡期至五合能力突破過渡期，其核心在於成長模型、賦能上師和持續推進。

生命成長第四、第五階段的目標是在五合能力上獲得突破。第四階段的核心在於領導能力、成熟團隊和資源扶持，第五階段的核心在於路徑驅動、體系賦能和關鍵開悟。

第十章　打造優秀文化系統：企業文化的升級成長

致謝

　　本書出版前的稿件創作階段，得到許多企業的大力支持！尤其在調查研究資料支持和案例分享方面，極大地豐富了本書的實踐性內容。在此，特別感謝參與的企業。

備位，可接可扛的下一位！
讓「沒經驗」變「扛責任」的培育法，主管必學的人才養成系統

作　　　者：	張莽
發　行　人：	黃振庭
出　版　者：	財經錢線文化事業有限公司
發　行　者：	崧燁文化事業有限公司
E - m a i l：	sonbookservice@gmail.com
粉　絲　頁：	https://www.facebook.com/sonbookss/
網　　　址：	https://sonbook.net/
地　　　址：	台北市中正區重慶南路一段61號8樓 8F., No.61, Sec. 1, Chongqing S. Rd., Zhongzheng Dist., Taipei City 100, Taiwan
電　　　話：	(02)2370-3310
傳　　　真：	(02)2388-1990
印　　　刷：	京峯數位服務有限公司
律師顧問：	廣華律師事務所 張珮琦律師

國家圖書館出版品預行編目資料

備位，可接可扛的下一位！讓「沒經驗」變「扛責任」的培育法，主管必學的人才養成系統 / 張莽 著 . -- 第一版 . -- 臺北市：財經錢線文化事業有限公司 , 2025.07
面；　公分
POD 版
ISBN 978-626-408-322-5(平裝)
1.CST: 企業管理 2.CST: 人才 3.CST: 培養法
494.386　　　　　114009445

-版權聲明-

本書版權為盛世所有授權財經錢線文化事業有限公司獨家發行繁體字版電子書及紙本書。若有其他相關權利及授權需求請與本公司聯繫。
未經書面許可，不得複製、發行。

定　　價：399 元
發行日期：2025 年 07 月第一版
◎本書以 POD 印製

電子書購買

爽讀 APP　　臉書